Python 分布式机器学习

[美] 冠华·王　著

姜大为　译

清华大学出版社

北　京

内 容 简 介

本书详细阐述了与分布式机器学习相关的基本解决方案，主要包括拆分输入数据、参数服务器和All-Reduce、构建数据并行训练和服务管道、瓶颈和解决方案、拆分模型、管道输入和层拆分、实现模型并行训练和服务工作流程、实现更高的吞吐量和更低的延迟、数据并行和模型并行的混合、联合学习和边缘设备、弹性模型训练和服务、进一步加速的高级技术等内容。此外，本书还提供了相应的示例、代码，以帮助读者进一步理解相关方案的实现过程。

本书适合作为高等院校计算机及相关专业的教材和教学参考书，也可作为相关开发人员的自学用书和参考手册。

北京市版权局著作权合同登记号 图字：01-2022-3476

图书在版编目（CIP）数据

Python 分布式机器学习 /（美）冠华·王著；姜大为译. —北京：清华大学出版社，2023.4
书名原文：Distributed Machine Learning with Python
ISBN 978-7-302-63311-2

Ⅰ.①P… Ⅱ.①冠… ②姜… Ⅲ.①软件工具—程序设计 ②分布式算法—机器学习
Ⅳ.①TP311.561 ②TP181

中国国家版本馆 CIP 数据核字（2023）第 060488 号

责任编辑：贾小红
封面设计：刘　超
版式设计：文森时代
责任校对：马军令
责任印制：宋　林

出版发行：清华大学出版社
　　　　网　　址：http://www.tup.com.cn，http://www.wqbook.com
　　　　地　　址：北京清华大学学研大厦 A 座　　　邮　编：100084
　　　　社 总 机：010-83470000　　　　　　　　　邮　购：010-62786544
　　　　投稿与读者服务：010-62776969，c-service@tup.tsinghua.edu.cn
　　　　质量反馈：010-62772015，zhiliang@tup.tsinghua.edu.cn
印 装 者：大厂回族自治县彩虹印刷有限公司
经　　销：全国新华书店
开　　本：185mm×230mm　　　印　张：14.75　　　字　数：292 千字
版　　次：2023 年 4 月第 1 版　　　　　　　印　次：2023 年 4 月第 1 次印刷
定　　价：99.00 元

产品编号：098388-01

译 者 序

关于神经网络，一个鲜为人知的事实是，它的概念其实早在 20 世纪 50 年代就出现了，多层感知器网络则是在 20 世纪 80 年代才被提出来，但其时受限于计算能力，感知器网络通常只有一个隐含层（也称为"浅层学习"），因此效果并不是很明显。直到 2006 年，Geoffrey Hinton 提出了深度学习算法，计算机硬件的发展也同步达到了一定的水平，使神经网络的能力大大提高，这才掀起了深度学习的业界浪潮。

但是这也带来了一个问题，那就是随着深度学习的网络层数越来越多，对算力的要求也在急剧上升。例如，VGG 网络才 10 多层，残差网络（ResNet）则有 100 多层，而像 BERT 这样的巨型模型，其参数数量甚至可能高达一万亿个。在这种情况下，模型的训练和更新就成了系统瓶颈，因为它动辄需要等待数天甚至数月的漫长时间。

为了加快深度神经网络（DNN）的训练和推理服务，目前广泛采用了并行计算技术。例如，战胜过人类顶尖棋手的 AlphaGo，其分布式硬件配置最高使用了 1920 个 CPU 和 280 个 GPU。但是，堆砌硬件并不能解决一切矛盾，在向外扩展时，系统效率仍是一个大问题。而在分布式机器学习中，昂贵的通信开销和有限的设备内存乃是导致系统效率低下的两个主要原因。

鉴于此，本书从实用性出发，详细阐释了数据并行和模型并行这两种分布式训练方式及其框架，并以此为基础，提出了加快巨型模型训练和推理服务的解决方案。首先，在数据并行部分，解释了单节点训练缓慢的原因，介绍了参数服务器和 All-Reduce 这两种架构，并演示了如何构建数据并行训练和服务管道，探讨了数据并行训练中的通信瓶颈和设备内存瓶颈及其相应的解决方案。其次，在模型并行部分，详细解释了为什么需要拆分模型，介绍了具体的拆分方法（包括管道并行和层内模型并行）。此外，还探讨了在进行模型推理服务时，实现高吞吐量和低延迟的技术，包括冻结层、模型分解和模型蒸馏等。最后，本书还介绍了一些高级并行技术，例如，混合使用数据并行和模型并行、联合学习、弹性模型训练和服务等。

在翻译本书的过程中，为了更好地帮助读者理解和学习，本书以中英文对照的形式保留了大量的原文术语，这样的安排不但方便读者理解书中的代码，而且也有助于读者通过网络查找和利用相关资源。

本书由姜大为翻译，马宏华、黄进青、熊爱华等也参与了部分内容的翻译工作。由于译者水平有限，书中难免有疏漏和不妥之处，在此诚挚欢迎读者提出任何意见和建议。

译 者

前　　言

降低机器学习的时间成本可以缩短模型训练的等待时间，加快模型更新周期。分布式机器学习使机器学习从业者能够将模型训练和推理时间缩短几个数量级。在本书的帮助下，你应该能够将你的 Python 开发知识用于启动和运行分布式机器学习的实现，包括多节点机器学习系统。

本书将首先探索分布式系统如何在机器学习领域工作，以及分布式机器学习如何应用于最先进的深度学习模型。

随着你的进步，你将了解如何使用分布式系统来提高机器学习模型的训练和服务速度。在优化本地集群或云环境中的并行模型训练和服务管道之前，你还需要掌握应用数据并行和模型并行的方法。

到学习本书结束时，你将获得构建和部署高效数据处理管道所需的知识和技能，用于以分布式方式进行机器学习模型训练和推理。

本书读者

本书适用于学术界和工业界的数据科学家、机器学习工程师和机器学习从业者。本书假设你对机器学习概念和 Python 编程的工作知识有基本的了解。如果你拥有使用 TensorFlow 或 PyTorch 实现机器学习/深度学习模型的经验，则对理解本书内容非常有益。

此外，如果你对使用分布式系统来提高机器学习模型训练和服务速度感兴趣，则会发现这本书很有用。

内容介绍

本书内容分为 3 篇，共 12 章。具体内容如下。
- ❑　第 1 篇为"数据并行"，包括第 1～4 章。
  - ➢　第 1 章"拆分输入数据"，介绍如何在输入数据维度上分配机器学习训练或服务工作负载，这称为数据并行。

> ➤ 第 2 章 "参数服务器和 All-Reduce"，描述数据并行训练过程中被广泛采用的两种模型同步方案。
> ➤ 第 3 章 "构建数据并行训练和服务管道"，说明如何实现数据并行训练和服务工作流程。
> ➤ 第 4 章 "瓶颈和解决方案"，描述如何使用一些先进的技术来提高数据并行性能，如更有效的通信协议、减少内存占用等。

❑ 第 2 篇为 "模型并行"，包括第 5～8 章。

> ➤ 第 5 章 "拆分模型"，介绍普通模型并行方法。
> ➤ 第 6 章 "管道输入和层拆分"，展示如何通过管道并行提高系统效率。
> ➤ 第 7 章 "实现模型并行训练和服务工作流程"，详细讨论如何实现模型并行训练和服务。
> ➤ 第 8 章 "实现更高的吞吐量和更低的延迟"，详细介绍在模型并行中减少计算和内存消耗的高级方案。

❑ 第 3 篇为 "高级并行范式"，包括第 9～12 章。

> ➤ 第 9 章 "数据并行和模型并行的混合"，探讨如何将数据并行和模型并行结合在一起，作为一种先进的并行模型训练/服务方案。
> ➤ 第 10 章 "联合学习和边缘设备"，讨论联合学习的概念以及边缘设备如何参与这个过程。
> ➤ 第 11 章 "弹性模型训练和服务"，描述一种更有效的方案，可以动态更改使用的加速器数量。
> ➤ 第 12 章 "进一步加速的高级技术"，探讨一些比较有用的工具，如性能分析和调试工具、作业迁移和多路复用等。

充分利用本书

你需要在系统上成功安装 PyTorch/TensorFlow。对于分布式工作负载，建议你手头上至少有 4 个 GPU。

我们假设你的操作系统为 Linux/Ubuntu。假设你使用 NVIDIA GPU 并且安装了正确的 NVIDIA 驱动程序。此外，我们还假设你具有一般机器学习的基础知识，并且熟悉流行的深度学习模型。

本书涵盖的软硬件和操作系统需求以及专业领域知识需求如表 P.1 所示。

表 P.1　本书涵盖的软硬件和操作系统需求以及专业领域知识需求

本书涵盖的软硬件和操作系统	专业领域知识需求
PyTorch	机器学习概念（如损失函数和偏差与方差均衡）
TensorFlow	深度学习概念（前向传播和反向传播）
Python	深度学习模型（卷积神经网络、强化学习、循环神经网络和 Transformer 等）
CUDA/C	
NV 性能分析器/Nsight	
Linux	

如果你使用本书的数字版本，则建议你自己输入代码或从本书的 GitHub 存储库访问代码（下面将提供链接）。这样做将帮助你避免与复制和粘贴代码相关的任何潜在错误。

下载示例代码文件

本书随附的代码可以在 GitHub 存储库中找到，其网址如下：

https://github.com/PacktPublishing/Distributed-Machine-Learning-with-Python

如果代码有更新，那么将在该 GitHub 存储库中直接给出。

下载彩色图像

我们还提供一个 PDF 文件，其中包含本书中使用的屏幕截图/图表的彩色图像。可通过以下地址下载：

https://static.packt-cdn.com/downloads/9781801815697_ColorImages.pdf

本书约定

本书中使用了许多文本约定。

（1）有关代码块的设置如下。

```
# 初始化处理组
```

```
adaptdl.torch.init_process_group("MPI")

# 将模型包装到 adaptdl 版本
model = adaptdl.torch.AdaptiveDataParallel(model, optimizer)

# 将数据加载器包装到 adaptdl 版本
dataloader = adaptdl.torch.AdaptiveDataLoader(dataset, batch_size = 128)
```

（2）任何命令行输入或输出都采用如下所示的粗体代码形式：

```
batch 58 training :: loss 0.5455576777458191
batch 58 training :: loss 0.7072545886039734
batch 58 training :: loss 0.953201174736023
batch 58 training :: loss 0.512895941734314
Checkpointing model 2 done.
Training Done!
```

（3）术语或重要单词采用中英文对照形式，在括号内保留其英文原文。示例如下：

在数据并行训练中，除了单节点训练中包含的 3 个步骤（即数据加载、训练和模型更新），这里还有一个额外的步骤，称为模型同步（model synchronization）。模型同步与收集和聚合不同节点生成的局部梯度有关。

（4）对于界面词汇或专有名词将保留其英文原文，在括号内添加其中文译名。示例如下：

然后，监视器可以实时打印出 GPU 资源利用率，包括 gpuUtil（计算利用率）和 memUtil（内存利用率）等。

（5）本书还使用了以下两个图标。

🛈表示警告或重要的注意事项。

🛈表示提示或小技巧。

关 于 作 者

    Guanhua Wang 是加州大学伯克利分校 RISELab 的计算机科学博士（导师为 Ion Stoica 教授）。他的研究主要集中在机器学习系统领域，包括快速集体通信、高效并行模型训练和实时模型服务等，得到了学术界和工业界的广泛关注。他曾受邀在顶级大学（麻省理工学院、斯坦福大学、卡内基梅隆大学和普林斯顿大学）和大型科技公司（Facebook/Meta 和微软）进行演讲。他在香港科技大学获得硕士学位，在中国东南大学获得学士学位。他在无线网络方面还有一些很好的研究。他喜欢踢足球，并且曾在加州湾区跑过多次半程马拉松。

关于审稿人

Jamshaid Sohail 对数据科学、机器学习、计算机视觉和自然语言处理充满热情，在该行业拥有超过 2 年的经验。他之前曾在一家位于硅谷的初创公司 FunnelBeam 工作，担任数据科学家，目前在 Systems Limited 担任数据科学家。他已经在不同平台上完成了超过 66 门在线课程。他在 Packt Publishing 出版社出版了 *Data Wrangling with Python 3.X*（《使用 Python 3.X 进行数据整理》）一书，并审阅了多本图书。他还在 Educative 开发数据科学综合课程，并为多家出版商写书。

Hitesh Hinduja 是一位热心的 AI 爱好者，在 Ola Electric 担任 AI 高级经理，领导着一支由 20 多人组成的团队，涉及机器学习、统计、计算视觉、自然语言处理和强化学习等领域。他在印度和美国申请了 14 项以上的专利，并以他的名义发表了大量研究性出版物。Hitesh 曾在印度顶级商学院（海得拉巴的印度商学院和艾哈迈达巴德的印度管理学院）担任研究职务。他还积极参与培训和指导，并曾受邀在国际上担任多家公司和协会的演讲嘉宾。

目　　录

第1篇　数　据　并　行

第 2 篇　模　型　并　行

第 3 篇　高级并行范式

第 1 篇

数 据 并 行

本篇将阐释为什么需要数据并行以及它是如何工作的。我们将实现数据并行训练和服务管道，以学习进一步加速的高级技术。

本篇包括以下章节。

❑ 第 1 章，拆分输入数据。

❑ 第 2 章，参数服务器和 All-Reduce。

❑ 第 3 章，构建数据并行训练和服务管道。

❑ 第 4 章，瓶颈和解决方案。

第1章　拆分输入数据

近年来，数据的规模在急剧增长。以计算机视觉领域为例，早期的 MNIST 和 CIFAR-10/100 等数据集仅包含 5 万幅训练图像，而最近的数据集（如 ImageNet-1K）则包含超过 100 万幅训练图像。显然，更大的输入数据会导致在单个 GPU/节点上的模型训练时间更长。例如，在 CIFAR-10/100 数据集上，如果使用当前最新的单 GPU 训练模型，则总训练时间可能只需要几个小时。相形之下，对于 ImageNet-1K 数据集，相同 GPU 的模型训练时间将需要数天甚至数周。

加速模型训练过程的标准做法是并行执行，这也是本书的重点。最流行的并行模型训练称为数据并行（data parallelism）。在数据并行训练中，每个 GPU/节点都持有模型的完整副本。然后，它将输入数据划分为不相交的子集，其中，每个 GPU/节点仅负责在其中一个输入分区上进行模型训练。

由于每个 GPU 只在输入数据的一个子集（而不是整个集合）上训练其本地模型，因此需要定期执行一个称为模型同步（model synchronization）的过程。进行模型同步是为了确保在每次训练迭代之后，参与此训练作业的所有 GPU 都在同一页面上。这保证了保存在不同 GPU 上的模型副本具有相同的参数值。

数据并行也可以应用在模型服务阶段。鉴于经过充分训练的模型可能需要服务于大量推理任务，因此拆分推理的输入数据也可以减少端到端模型的服务时间。与数据并行训练相比，数据并行推理的一个主要区别是，单个作业中涉及的所有 GPU/节点都不再需要通信，这意味着数据并行训练期间的模型同步阶段可完全忽略。

本章将讨论使用大型数据集进行模型训练的瓶颈以及数据并行如何缓解这一问题。

本章包含以下主题。

❑　单节点训练太慢。

❑　数据并行——高级位。

❑　超参数调优。

1.1　单节点训练太慢

普通模型训练过程是将训练数据和机器学习模型加载到同一个加速器（如 GPU）中，

这称为单节点训练（single-node training）。

在单节点训练模型中主要执行了以下 3 个步骤。

（1）输入预处理。

（2）训练。

（3）验证。

图 1.1 显示了典型模型训练工作流程中的情况。

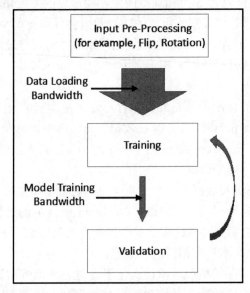

图 1.1　单个节点上的模型训练工作流程

原　　文	译　　文
Input Pre-Processing(for example, Flip, Rotation)	输入预处理（如翻转、旋转）
Data Loading Bandwidth	数据加载宽带
Training	训练
Model Training Bandwidth	模型训练宽带
Validation	验证

从图 1.1 中可以看到，在输入预处理之后，增强的输入数据被加载到加速器（如 GPU）的内存中。之后，模型在加载的输入数据批次上进行训练，并迭代地验证已经训练的模型。本节的目标是讨论为什么单节点训练太慢。首先，我们将展现单节点训练中的真正瓶颈，然后描述数据并行如何缓解这个瓶颈。

1.1.1　数据加载带宽和模型训练带宽之间的不匹配

现在让我们关注如图 1.1 所示的数据管道中的两种带宽，即数据加载带宽（data loading bandwidth）和模型训练带宽（model training bandwidth）。如今，我们会有越来越多的输入数据，因此，理想情况下，我们希望数据加载带宽尽可能大（见图 1.1 中的宽灰色箭头）。但是，由于 GPU 或其他加速器的设备内存有限，因此实际模型训练带宽也将受到限制（见图 1.1 中的窄灰色箭头）。

虽然一般认为较大的输入数据量会导致单节点训练的训练时间较长，但从数据流的角度来看并非如此。从系统的角度来看，数据加载带宽和模型训练带宽之间的不匹配才是真正的问题。如果我们能够在单节点训练中匹配数据加载带宽和模型训练带宽，则无须进行并行模型训练，因为分布式数据处理总是会引入控制开销。

💡 提示：真正的瓶颈

就单个节点而言，大的输入数据量并不是导致训练时间长的根本原因。数据加载带宽和模型训练带宽之间的不匹配才是关键问题。

现在我们知道了面对大的输入数据量时单节点训练延迟的原因，让我们继续下一个子主题。

接下来，我们将使用标准数据集量化展示一些经典深度学习模型的训练时间。这应该可以帮助你理解为什么数据并行训练是处理数据加载带宽和模型训练带宽不匹配问题的必备条件。

1.1.2　流行数据集的单节点训练时间

现在可以直接来看看使用单个 GPU 的训练时间分析。我们将使用 NVIDIA Tesla M60 GPU 作为加速器。

首先，我们将在 CIFAR-10 和 CIFAR-100 数据集上训练 VGG-19 和 ResNet-164 模型。图 1.2 显示了模型测试准确率达到 91% 以上的相应总训练时间。

从图 1.2 中可以看到，CIFAR-10 和 CIFAR-100 数据集的 VGG-19 模型的总训练时间约为 2 个小时，而对于 ResNet-164 模型来说，CIFAR-10 和 CIFAR-100 数据集的总训练时间大约是 10 个小时。

在 CIFAR-10/100 数据集上使用单个 GPU 时，标准模型训练时间似乎既不短也不长，是可以接受的。这主要是因为图像分辨率低。

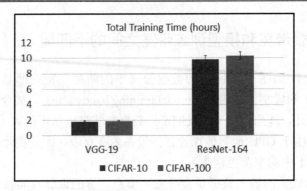

图 1.2　CIFAR-10/100 数据集上单个节点的模型训练时间

原　　文	译　　文
Total Training Time (hours)	总训练时间（单位：小时）

对于 CIFAR-10/100 数据集，每幅图像的分辨率非常低，为 32×32。因此，在模型训练阶段生成的中间结果相对较小，因为中间结果中的激活矩阵总是小于 32×32。

由于在给定的固定硬件内存大小的训练期间生成较小的激活矩阵，因此我们可以一次训练更多的输入图像。这意味着可以实现更高的模型训练带宽，从而减轻数据加载带宽和模型训练带宽之间的不匹配问题。

现在再来看一下现代机器学习模型训练数据集（如 ImageNet-1K）的情况。我们维护了与 CIFAR-10/100 训练作业类似的训练环境设置，不同之处在于我们训练的是 VGG-19 和 ResNet-50 模型。图 1.3 显示了单个 GPU 设置对应的总训练时间。

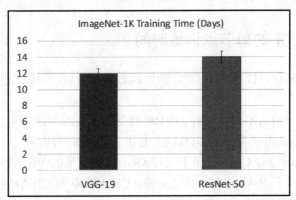

图 1.3　ImageNet-1K 数据集上单个节点的模型训练时间

原　　文	译　　文
ImageNet-1K Training Time (Days)	ImageNet-1K 训练时间（单位：天）

从图 1.3 中可以看到，单个 GPU 上的训练时间是不可接受的。训练一个模型（如 VGG-19 或 ResNet-50）大约需要 2 周时间。

在 ImageNet-1K 数据集上训练速度慢得多的主要原因是有更高的图像分辨率，该数据集中图像的分辨率约为 256×256。

拥有更高的图像分辨率意味着每个训练图像将占用更大的内存来存储其激活矩阵，这也意味着一次只能训练更少量的图像。因此，模型训练带宽和数据加载带宽之间的差距更大。此外，对于更宽和更深的模型，训练时间还会加长。

对于机器学习从业者来说，如果只能使用单个 GPU，则整个模型更新周期就太长了。再加上我们还需要尝试多组超参数以找到最佳的训练方案，那么这种漫长的训练时间就更加让人难以忍受了。

因此，我们需要采用数据并行训练范式来缓解数据加载带宽和模型训练带宽之间的这种不匹配问题。

1.1.3　使用数据并行加速训练过程

到目前为止，我们已经知道了为什么必须进行数据并行训练——主要是缘于数据加载带宽和模型训练带宽不匹配的问题。在深入了解数据并行训练的工作原理之前，让我们先看看数据并行在单节点训练上可以实现的加速。

我们以在 ImageNet-1K 数据集上训练 ResNet-50 模型为例。在使用适当的超参数设置之后，图 1.4 显示了不同 GPU 训练基线的标准化加速。

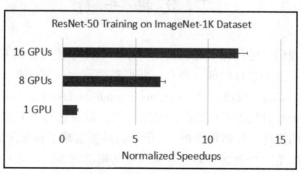

图 1.4　单个 GPU 基线上的标准化加速

原　　文	译　　文
ResNet-50 Training on ImageNet-1K Dataset	在 ImageNet-1K 数据集上训练 ResNet-50
Normalized Speedups	标准化加速

从图 1.4 中可以看到，我们已经在单个 GPU 训练基线上测试了数据并行训练过程的系统吞吐量。通过将多个 GPU 整合到同一个训练作业中，即可以并行方式显著扩展模型训练带宽。理想情况下，扩展的模型训练带宽应该随着所涉及的 GPU 数量而线性增加。当然，由于数据并行训练本身也会有系统控制和网络通信开销，因此不可能实现完美的线性扩展。

但是，即使数据并行训练需要系统开销，与单个 GPU 训练基线相比，加速数字仍然很明显。如图 1.4 所示，通过将 8 个 GPU 用于数据并行训练，我们可以将训练吞吐量提高 6 倍以上。而使用 16 个 GPU 参与相同的数据并行训练作业时，加速效果甚至更好，因为与单个 GPU 基线相比，它可以实现近 12 倍的吞吐量。

我们可以将这些吞吐量加速数字转换为训练时间：如果使用 16 个 GPU 进行数据并行训练，则可以将 ImageNet-1K 数据集上的 ResNet-50 模型训练时间从 14 天减少到 1~2 天。

此外，当我们有更多的 GPU 参与相同的数据并行训练作业时，这个加速数字还可以继续增长。借助 NVIDIA 的 DGX-1 和 DGX-2 机器等最新硬件，如果将数百个 GPU 整合到其中，则 ResNet-50 模型在 ImageNet-1K 数据集上的训练时间甚至可以显著减少到 1 个小时以内。

总而言之，单节点模型训练占用大量时间，这主要是由数据加载带宽和模型训练带宽不匹配的问题引起的。因此，通过使用数据并行，即可根据同一训练作业中涉及的加速器数量成比例地增加模型训练带宽。

1.2　数　据　并　行

到目前为止，我们已经讨论了在机器学习模型训练中使用数据并行的好处，即它可以极大地减少模型训练的总体时间。现在，我们需要深入研究一些关于数据并行训练如何工作的基本理论，如随机梯度下降（stochastic gradient descent，SGD）和模型同步。但在此之前，不妨先来看看数据并行训练的系统架构，以及它与单节点训练有何不同。

数据并行训练的简化工作流程如图 1.5 所示。该图省略了训练阶段的一些技术细节，因为我们主要关注的是两个带宽（即数据加载带宽和模型训练带宽）。

从图 1.5 中可以看到，数据并行训练和单节点训练的主要区别在于，我们在多个工作节点/GPU 之间分配了数据加载带宽（如图 1.5 中的蓝色箭头所示）。因此，对于每个参与数据并行训练作业的 GPU，其本地数据加载带宽与模型训练带宽之间的差异相比单节点训练情况要小得多。

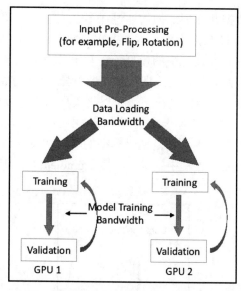

图 1.5　数据并行训练的简化工作流程

原　　文	译　　文
Input Pre-Processing (for example, Flip, Rotation)	输入预处理（如翻转、旋转）
Data Loading Bandwidth	数据加载宽带
Training	训练
Model Training Bandwidth	模型训练宽带
Validation	验证

💡 提示：

　　彩色图像在黑白印刷的纸版图书上可能不容易辨识效果，本书还提供了一个 PDF 文件，其中包含本书使用的屏幕截图/图表的彩色图像。可以通过以下地址下载：

　　http://static.packt-cdn.com/downloads/9781801815697_ColorImages.pdf

　　从更高层次上来看，即使由于硬件限制我们无法增加每个加速器上的模型训练带宽，也可以跨多个加速器拆分和平衡整个数据加载带宽。而且这种数据加载带宽拆分不仅适用于数据并行训练，也可以在数据并行模型服务阶段直接采用。

💡 提示：

　　通过降低每个 GPU 的数据加载带宽，数据并行训练缩小了每个 GPU 上数据加载带宽和模型训练带宽之间的差距。

　　至此，你应该了解数据并行训练如何通过在多个加速器之间拆分数据加载带宽来提高端到端吞吐量。每个 GPU 在接收到其本地批次的增强输入数据后，将进行本地模型训练和验证。在这里，数据并行训练中的模型验证与单节点情况相同（当然，也有一些小的变化，稍后会讨论），我们主要关注训练阶段的差异（不包括验证）。

　　如图 1.6 所示，在单个节点的情况下，可以将模型训练阶段分为 3 个步骤：数据加载、训练和模型更新。在 1.1 节"单节点训练太慢"中已经介绍过，数据加载是为了加载新的小批次训练数据，而训练本身则是通过模型的前向和反向传播完成的。一旦在反向传播（backward propagation）过程中生成了梯度（gradient），则执行第 3 步，即更新模型参数。

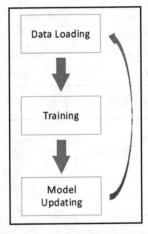

图 1.6　模型训练阶段的 3 个步骤

原　　文	译　　文	原　　文	译　　文
Data Loading	数据加载	Model Updating	模型更新
Training	训练		

　　数据并行训练阶段与模型训练阶段相比，有以下两个主要区别。
- ❑ 在数据并行训练中，不同的加速器在不同批次的输入数据上进行训练（见图 1.7 中的分区 1 和分区 2），没有一个 GPU 可以看到完整的训练数据。因此，传统的梯度下降优化不能在这里应用。我们还需要对梯度下降进行随机逼近，而这可以在单节点情况下使用。一种流行的随机近似方法是 SGD。下一小节将更详细地讨论这一点。
- ❑ 在数据并行训练中，除了单节点训练中包含的 3 个步骤（即数据加载、训练和模型更新），这里还有一个额外的步骤，称为模型同步（model synchronization）。

模型同步与收集和聚合不同节点生成的局部梯度有关。下文将学习更多有关模型同步的知识。

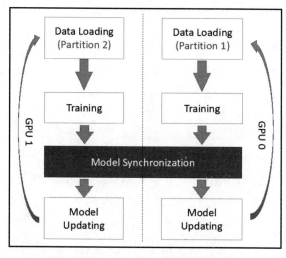

图 1.7　模型训练阶段的数据并行程序

原　　文	译　　文	原　　文	译　　文
Data Loading	数据加载	Training	训练
Partition 1	分区 1	Model Synchronization	模型同步
Partition 2	分区 2	Model Updating	模型更新

在接下来的两个小节中，我们将讨论有关 SGD 和模型同步的理论细节。

1.2.1　随机梯度下降

本小节将讨论为什么随机梯度下降（stochastic gradient descent，SGD）是数据并行训练的必备工具以及它是如何工作的。

理论上，可以使用传统的梯度下降（gradient descent，GD）进行单节点训练。它的工作原理如下：

```
for i in dataset:
    g_all += g_i
w = w - a*g_all
```

首先，我们需要从训练数据集的每个数据点计算梯度，其中参数 g_i 是梯度。在这里，我们在第 i 个训练数据点上进行计算。g_i 的正式定义如下：

$$g\_i = \frac{\mathrm{d}L(w)_i}{\mathrm{d}w}$$

然后，将所有训练数据点计算的所有梯度相加（g_all += g_i），再使用 w = w - a*g_all
进行单步模型更新。

但是，在数据并行训练中，每个 GPU 只能看到部分（而不是全部）训练数据集，这
使得我们无法使用传统的 GD 优化，因为在这种情况下无法计算 g_all。因此，必须使用
SGD。此外，SGD 也适用于单节点训练。SGD 的工作原理如下：

```
for i in dataset:
    w = w - a*g_i
```

基本上，SGD 不是在从所有训练数据生成梯度后更新模型权重（w），而是允许使用
单个或少数几个训练样本（如 mini-batch）更新模型权重。随着模型更新限制的放宽，数据
并行训练中的工作节点可以使用它们的本地（而非全局）训练样本来更新其模型权重。

💡 提示：GD 与 SGD

在 GD 中需要计算所有训练数据的梯度并更新模型权重。

在 SGD 中将计算所有训练数据子集的梯度并更新模型权重。

但是，由于每个工作节点都会根据它们的本地训练数据更新其模型权重，因此在每
次训练迭代之后，不同工作节点的模型参数可能会有所不同。所以，我们需要定期进行
模型同步，以保证所有工作节点都在同一页面上，这意味着它们在每次训练迭代后都将
保持模型参数。

1.2.2　模型同步

如前文所述，在数据并行训练中，不同的工作节点将使用总训练数据的不相交子集
训练其本地模型，因此训练的模型权重可能不同。为了使所有工作节点对模型参数有相
同的看法，我们需要进行模型同步。

让我们在一个简单的四 GPU 设置中研究这一点，如图 1.8 所示。

可以看到，我们在数据并行训练作业中有 4 个 GPU。在这里，每个 GPU 在其设备内
存中以本地方式维护完整机器学习模型的副本。

让我们假设所有 GPU 都使用相同的模型参数进行初始化，这是一种标准做法，通过
使用固定的种子设置随机化函数。

在第一次训练迭代之后，每个 GPU 将生成其局部梯度 ∇W^i，其中 i 指的是第 i 个 GPU。
鉴于它们在不同的本地训练输入上进行训练，因此来自不同 GPU 的梯度可能不同。为了

保证 4 个 GPU 的模型更新相同，需要在模型参数更新前进行模型同步：

$$\nabla W^i$$

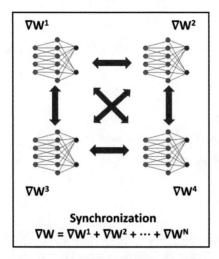

图 1.8　四 GPU 设置中的模型同步[①]

原　　文	译　　文
Synchronization	同步

模型同步做了以下两件事。

（1）收集并汇总所有来自正在使用的 GPU 的梯度，公式如下：

$$\nabla W = \nabla W^1 + \nabla W^2 + \nabla W^3 + \cdots + \nabla W^N$$

（2）将聚合之后的梯度广播到所有 GPU。

一旦模型同步步骤完成，即可在每个 GPU 上以本地方式获得聚合之后的梯度 ∇W。然后，可以使用这些聚合梯度 ∇W 进行模型更新，从而保证更新后的模型参数在第一次数据并行训练迭代后保持不变。

同样，在接下来的训练迭代中，我们将在每个 GPU 生成其局部梯度后进行模型同步。因此，模型同步保证了在特定数据并行训练作业的每次训练迭代后模型参数保持不变。

对于实际系统实现，这种模型同步主要有两种不同的变体：参数服务器架构和 All-Reduce 架构。第 2 章将对此展开详细讨论。

到目前为止，我们已经讨论了数据并行训练作业中的一些关键概念，如 SGD 和模型同步。接下来，我们将讨论一些与数据并行训练相关的重要超参数。

[①] 本书中所有图片中的公式和单词的格式保持与原版书中图片格式一致。

1.3　超参数调优

本节将重点介绍与数据并行训练密切相关的超参数：全局批次大小、学习率调整和优化器选择等。

让我们逐个讨论一下。

ⓘ 注意：超参数注意事项

虽然其中一些超参数已经存在于标准的单节点训练过程中，但在数据并行训练中，这些参数可能具有新的搜索维度和新的相关性。

1.3.1　全局批次大小

全局批次大小（global batch size）是指将有多少训练样本同时加载到所有 GPU 中进行训练。这个概念在单节点训练中的对应物是批次大小（batch size）或小批次（mini-batch）。

选择适当的全局批次大小不同于选择单个节点的批次大小。在单节点训练中，始终可以将批次大小设置为可以放入加速器内存而不会导致内存不足（out-of-memory，OOM）问题的最大数量。但是在数据并行训练中，如果给定 N 个 GPU，可能不会将全局批次大小设置为 N*Max(single_node)。其中，Max(single_node)是指单个 GPU 上的最大批次大小。

在数据并行训练中，这个全局批次大小是我们需要搜索或微调的第一个超参数。如果全局批次大小太大，那么训练模型可能不会收敛；而如果全局批次大小太小，又会浪费分布式计算资源。

1.3.2　学习率调整

由于与单节点训练相比，并行训练使用了更大的全局批次大小，因此还需要相应地调整学习率（learning rate）。

ⓘ 注意：关于学习率调整的经验法则

在数据并行训练中确定学习率的经验法则是，如果使用 N 个 GPU 一起进行数据并行训练，则将单节点情况下的学习率乘以 N。

最近的研究文献表明，对于大批次数据并行训练，应该在训练阶段的一开始就有一个预热阶段。这个预热策略建议我们以相对较小的学习率开始数据并行训练。在这个预热期之后，应该逐渐增加学习率，并训练若干个轮次（epoch，也称为时期），然后通过定义一个峰值学习率来停止增加学习率。

1.3.3　模型同步方案

现在我们已经选择了优化器（全局批次大小）并相应地调整了学习率，接下来需要做的就是选择一个合适的模型同步模型来使用。之所以需要这个模型，是因为我们需要初始化一组进程，以分布式方式运行数据并行训练作业，其中每个进程将负责处理一台机器或一个 GPU 上的模型同步。

以 PyTorch 为例，初始化进程组的代码如下所示：

```
torch.distributed.init_process_group(backend='nccl',
                                     init_method = '...',
                                     world_size = N,
                                     timeout = M)
```

在这里，我们需要选择的第一个参数（backend='nccl'）是模型同步后端。目前，PyTorch 等深度学习平台主要支持 3 种不同的通信后端：NCCL、Gloo 和 MPI。

这 3 种通信后端的主要区别如下。

❑　NCCL：
　　➢　仅支持 GPU。
　　➢　不支持诸如 Scatter 之类的一对多通信原语。
　　➢　不支持诸如 Gather 之类的多对一通信原语。

❑　Gloo：
　　➢　主要支持 CPU，部分支持 GPU。
　　➢　对于 CPU，它支持大多数通信原语。
　　➢　对于 GPU，它仅支持最常用的通信原语，如 Broadcast 和 All-Reduce。
　　➢　不支持全对全（all-to-all）通信。

❑　MPI：
　　➢　仅支持 CPU。
　　➢　支持特殊硬件通信，如 IP over InfiniBand（IPoIB）。

在这三者中，以下是选择通信方案的一些建议。

❑　对于 GPU 集群，使用 NCCL。
❑　对于 CPU 集群，首先使用 Gloo。如果不起作用，再尝试使用 MPI。

至此，我们已经讨论了可以在数据并行训练作业中使用的 3 种主要通信方案。由于我们用于模型训练的节点是 GPU，因此通常将 NCCL 设置为默认通信后端。

1.4　小　　结

通读完本章之后，你应该能够探索和发现单节点训练中的真正瓶颈。你还应该知道数据并行如何缓解单节点训练中的这一瓶颈，从而提高整体吞吐量。最后，你应该理解了与数据并行训练相关的几个主要超参数。

第 2 章将重点介绍数据并行训练的两个主要系统架构，即参数服务器（parameter server，PS）和 All-Reduce 范式。

第 2 章　参数服务器和 All-Reduce

如第 1 章"拆分输入数据"所述，为了在数据并行训练作业中涉及的所有 GPU/节点之间保持模型一致性，我们需要进行模型同步。对于这个模型同步核心，必须建立数据并行训练的分布式系统架构。

为了保证模型的一致性，可以应用以下两种方法。

❑ 第一种方法是将模型参数保存在一个地方（一个中心节点）。每当 GPU/节点需要进行模型训练时，即可从中心节点拉取参数并训练模型，然后将模型更新推送回中心节点。这样模型的一致性将得到保证，因为所有 GPU/节点都是从同一个中心节点拉取参数。这就是所谓的参数服务器（parameter server）范式。

❑ 第二种方法是每个 GPU/节点都保存模型参数的副本，因此需要强制模型副本定期同步。每个 GPU 使用自己的训练数据分区训练其本地模型副本。在每次训练迭代之后，保存在不同 GPU 上的模型副本可能会有所不同，因为它们使用了不同的输入数据进行训练。因此，在每次训练迭代后将注入一个全局同步步骤，这会平均不同 GPU 上保存的参数，以便以这种完全分布式的方式保证模型的一致性。这被称为 All-Reduce 范式。

本章的主要目标是讨论和比较上述两种主要的数据并行训练范式，即参数服务器和 All-Reduce。通读完本章之后，你将了解如何使用参数服务器和 All-Reduce 范式设计数据并行训练管道。

我们将首先介绍参数服务器范式的系统架构，然后讨论如何使用 PyTorch 实现参数服务器架构。接下来，我们将深入探讨参数服务器的一些缺点，以及人们倾向于将参数服务器替换为 All-Reduce 的原因。最后，本章将介绍最新的用于数据并行训练的 All-Reduce 范式，并讨论更多的集体通信原语。

本章包含以下主题。

❑ 参数服务器架构。

❑ 实现参数服务器。

❑ 参数服务器的问题。

❑ All-Reduce 架构。

❑ 集体通信。

2.1　技术要求

运行本章代码的库依赖如下。

- ❑　torch >= 1.8.1。
- ❑　torchvision >= 0.9.1。
- ❑　cuda >= 11.0。
- ❑　NVIDIA 驱动程序>=450.119.03。

要完成本章操作，必须安装上述 GPU 驱动程序和 PyTorch 库。建议你安装最新版本以获得最佳性能。

2.2　参数服务器架构

本节将深入探讨参数服务器范式的系统架构。本节的专业知识要求如下。

- ❑　分布式系统中的主节点/工作节点（Master/Worker）架构。
- ❑　客户端/服务器通信。

参数服务器架构（parameter server architecture）主要由参数服务器和工作节点两个角色组成。参数服务器可以看作传统"主节点/工作节点"架构中的主节点。

工作节点是负责模型训练的计算机节点或 GPU。可以将总训练数据拆分给所有工作节点。每个工作节点使用分配给它的训练数据分区训练其本地模型。

参数服务器的职责是双重的，具体情况如下。

- ❑　聚合来自所有工作节点的模型更新。
- ❑　更新保存在参数服务器上的模型参数。

图 2.1 描述了一个简化的参数服务器架构，该系统中有两个工作节点和一个参数服务器。

整个系统通过以下 4 个阶段工作。

（1）拉取权重：所有工作节点从中心参数服务器拉取模型参数/权重。

（2）推送梯度：每个工作节点使用其本地训练数据分区训练其本地模型，并生成本地梯度。然后，所有工作节点将其本地梯度推送到中心参数服务器。

（3）聚合梯度：收集所有工作节点发送过来的梯度后，参数服务器将对所有梯度进行聚合（汇总）。

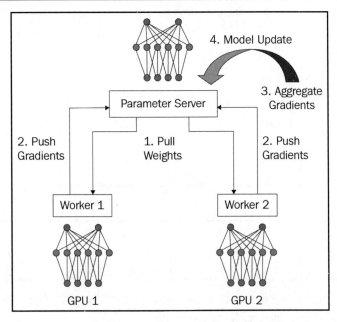

图 2.1　具有单个服务器节点的参数服务器架构

原　　文	译　　文	原　　文	译　　文
Parameter Server	参数服务器	2. Push Gradients	2.　推送梯度
Worker	工作节点	3. Aggregate Gradients	3.　聚合梯度
1. Pull Weights	1.　拉取权重	4. Model Update	4.　模型更新

　　（4）模型更新：一旦聚合梯度计算完成，参数服务器将使用聚合梯度更新该中心服务器上的模型参数。

　　每次训练迭代时，都需要在参数服务器和工作节点之间执行上述 4 个步骤。我们将在整个模型训练过程中循环这 4 个步骤。当然，参数服务器架构中的通信往往是训练的瓶颈。

2.2.1　参数服务器架构中的通信瓶颈

　　从图 2.1 中可以看到，在通信端，参数服务器架构主要有两种通信方式，即拉取权重和推送梯度。

　　首先让我们研究一下将权重从参数服务器拉取到所有工作节点的通信模式。如图 2.2 所示，这是一种一对多的通信，中心参数服务器需要同时向所有工作节点发送模型权重，这称为扇出（fan-out）通信模式。

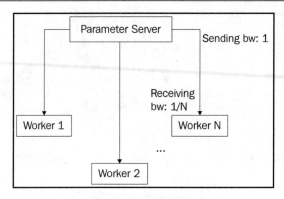

图 2.2　拉取权重的扇出通信

原　文	译　文	原　文	译　文
Parameter Server	参数服务器	Sending bw: 1	发送带宽：1
Worker	工作节点	Receiving bw: 1/N	接收带宽：1/N

　　现在让我们假设每个节点（包括参数服务器和工作节点）的通信带宽都是 1，同时假设在这个数据并行训练作业中有 N 个工作节点。

　　由于中心参数服务器需要同时将模型发送给 N 个工作节点，因此每个工作节点的发送带宽（bandwidth，BW）仅为 1/N。另外，每个工作节点的接收带宽为 1，远大于参数服务器 1/N 的发送带宽。因此，在拉取权重阶段，参数服务器端存在通信瓶颈。

注意：扇出权重拉取

　　对于 N 个工作节点和 1 个参数服务器设置来说，工作节点接收带宽（1）远高于参数服务器发送带宽（1/N）。因此，在拉取权重时，通信瓶颈在参数服务器端。

　　再来看看推送梯度过程中的通信模式。如图 2.3 所示，在该过程中，所有 GPU 以并发方式将它们的本地梯度发送到中心参数服务器，这称为扇入（fan-in）通信模式。

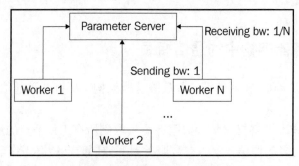

图 2.3　推送梯度的扇入通信

原　文	译　文	原　文	译　文
Parameter Server	参数服务器	Sending bw: 1	发送带宽：1
Worker	工作节点	Receiving bw: 1/N	接收带宽：1/N

　　仍然假设所有节点（包括参数服务器和工作节点）都具有相同的网络带宽 1。给定该参数服务器架构中有 N 个工作节点，每个工作节点都可以发送其本地梯度，发送带宽为 1。

　　但是，由于参数服务器需要同时接收所有工作节点的梯度，每个工作节点的接收带宽只有 1/N。因此，在推送梯度阶段，通信瓶颈仍然在参数服务器端。

ℹ️ 注意：扇入权重推送

　　对于 N 个工作节点和 1 个参数服务器设置来说，工作节点发送带宽（1）远高于参数服务器接收带宽（1/N）。因此，在梯度推送期间，通信瓶颈在参数服务器端。

2.2.2　在参数服务器之间分片模型

　　如前文所述，通信瓶颈总是在中心参数服务器端，因此可以考虑通过负载均衡来解决这个问题。

　　仍以图 2.2 为例，我们有 N 个工作节点，每个节点的通信带宽为 1。但是现在我们不是使用一个参数服务器，而是将模型拆分为 N 个参数服务器，每个服务器负责更新模型 1/N 的参数，如图 2.4 所示。

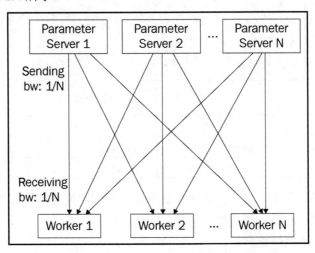

图 2.4　使用分片的参数服务器拉取权重

原　　文	译　　文	原　　文	译　　文
Parameter Server	参数服务器	Sending bw: 1/N	发送带宽：1/N
Worker	工作节点	Receiving bw: 1/N	接收带宽：1/N

    如图 2.4 所示，假设我们有 N 个参数服务器，现在每个工作节点可以同时从所有 N 个参数服务器中拉取模型参数。对于每个工作节点，它以 1/N 的带宽从每个参数服务器接收数据。因此，对于每个工作节点来说，从所有参数服务器接收带宽的总量为 1/N*N=1，完全饱和了该工作节点的链路带宽。

    由于所有工作节点都可以按其最大带宽接收数据，因此消除了通信瓶颈。

    类似地，如图 2.5 所示，在推送梯度阶段，每个工作节点都可以同时向所有参数服务器发送梯度，每个服务器的带宽为 1/N。参数服务器上的通信瓶颈已被消除，因为所有工作节点都可以按最大带宽传输数据。

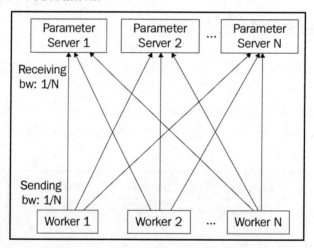

图 2.5　使用分片的参数服务器推送梯度

原　　文	译　　文	原　　文	译　　文
Parameter Server	参数服务器	Sending bw: 1/N	发送带宽：1/N
Worker	工作节点	Receiving bw: 1/N	接收带宽：1/N

    值得一提的是，工作节点和参数服务器的数量不一定要相等。在多个参数服务器之间拥有一个分片模型总是可以缓解参数服务器端的网络瓶颈。在实践中，参数服务器的数量不应超过工作节点的数量。

    本节讨论了参数服务器的系统架构。接下来，我们将探讨如何实现它。

2.3　实现参数服务器

前文讨论了参数服务器架构及其变体，现在让我们深入研究一下参数服务器架构的数据管道的实现。本节的技术要求如下。

❑　PyTorch 和 TorchVision 库。

❑　MNIST 数据集。

对于环境设置，可使用 CUDA 11.0 和 PyTorch 3.7。我们已经在 MNIST 数据集上训练了一个简单的卷积神经网络（convolutional neural network，CNN）。

本节将首先定义模型结构，然后重点介绍参数服务器和工作节点的关键功能。

2.3.1　定义模型层

首先可定义一个简单的 CNN 模型，代码片段如下所示：

```
class MyNet(nn.Module):
    def __init__(self):
    ...
    def forward(self, x):
        x = self.conv1(x)
        x = self.dropout1(x)
        x = F.relu(x)
        x = self.conv2(x)
        x = self.dropout2(x)
        x = F.max_pool2d(x,2)
        x = torch.flatten(x,1)
        x = self.fc1(x)
        x = F.relu(x)
        x = self.fc2(x)
        x = F.relu(x)
        x = self.fc3(x)
        output = F.log_softmax(x, dim = 1)
        return output
```

对于 MNIST 数据集训练，必须定义一个包含 5 个关键函数层的简单 CNN，其中有两个卷积层，然后是 3 个全连接（fully connected，FC）层。在这些关键函数层中，必须在中间注入 dropout/池化和 ReLU 层，以增加模型的非线性和鲁棒性。

请注意，该模型可以在任何设备（如 CPU 或 GPU）中初始化。这意味着我们可以为参数服务器和工作节点初始化相同的模型结构。

此外，对于参数服务器，还可以通过为不同的设备设置不同的层来轻松地将模型拆分为由多个 GPU 执行。

2.3.2　定义参数服务器

在参数服务器中，我们需要初始化两个事物：模型和优化器。如以下代码片段所示，我们使用的优化器是随机梯度下降（stochastic gradient descent，SGD），这在第 1 章"拆分输入数据"中已经讨论过。

```python
class ParameterServer(nn.Module):
    def __init__(self):
        super().__init__()
        self.model = MyNet()
        ...
        self.optimizer = optim.SGD(self.model.parameters(), lr = 0.05)
```

接下来，需要定义两个关键函数。第一个是 get_weights()函数，用于获取最新的模型参数。其定义如下：

```python
def get_weights(self):
    return self.model.state_dict()
```

在这里，我们调用了内部 PyTorch 函数来提取模型参数。

第二个函数将使用从工作节点生成的梯度来更新模型，这称为 update_model()函数。在接收到工作节点已经生成的梯度后，即可使用该函数在参数服务器上更新模型的参数值。

update_model()函数定义如下：

```python
def update_model(self, grads):
    for para, grad in zip(self.model.parameters(), grads):
        para.grad = grad
    self.optimizer.step()
    self.optimizer.zero_grad()
```

在接收到整个模型的梯度后，即可在模型层上迭代模型参数和梯度。对于每一层权重（para），可以相应地分配其梯度。

完成此操作后，可使用预定义的 SGD 优化器来更新参数服务器上的模型参数值。然后，将梯度归零并等待下一次训练迭代。

2.3.3 定义工作节点

前文已经演示了如何实现参数服务器类（ParameterServer）对象。现在可以定义工作节点（Worker）类对象。示例如下：

```
class Worker(nn.Module):
    def __init__(self):
        super().__init__()
        self.model = MyNet()
        if torch.cuda.is_available():
            self.input_device = torch.device("cuda:0")
        else:
            self.input_device = torch.device("cpu")
```

首先需要定义 Worker() 的初始化函数。通过上述初始化，可以通过初始化 MyNet()
并将 Worker.input_device 分配给不同的 GPU_id（如 cuda:1）以轻松地切换 Worker() 对象，
使其在多个设备上运行。

与参数服务器类似，在 Worker() 对象中也需定义两个关键函数，即 pull_weights() 和
push_gradients()。

pull_weights() 函数用于从参数服务器获取模型参数值。其定义如下：

```
def pull_weights(self, model_params):
    self.model.load_state_dict(model_params)
```

这会将模型权重从参数服务器加载到其本地模型副本。

push_gradients() 函数用于模型训练和生成梯度。其定义如下：

```
def push_gradients(self, batch_idx, data, target):
    data, target = data.to(self.input_device), \
                target.to(self.input_device)
    output = self.model(data)
    data.requires_grad = True
    loss = F.nll_loss(output, target)
    loss.backward()
    grads = []
    for layer in self.parameters():
        grad = layer.grad
        grads.append(grad)
    print(f"batch {batch_idx} training :: loss {loss.item()}")
    return grads
```

此函数的工作原理如下。

（1）将训练数据和标签移动到运行 Worker() 对象的设备上。

（2）设置 data.requires_grad = True 标志，这样就可以获得在训练数据上生成的梯度。

（3）计算损失并执行反向传播以生成梯度。

（4）收集每一层的梯度并返回聚合的梯度。

现在我们已经有了 ParameterServer() 和 Worker() 对象，接下来将论述这两方如何进行通信。

2.3.4　在参数服务器和工作节点之间传递数据

在连接参数服务器和工作节点之前，需要将训练数据加载到工作节点中，可以为此定义 train_loader() 函数，其定义如下：

```
train_loader =torch.utils.data.DataLoader(\
datasets.MNIST ('./mnist_data', download=True, train=True,
            transform=transforms.Compose(\
[transforms.ToTensor(),
            transforms.Normalize((0.1307,),(0.3081,))])),
            batch_size=128, shuffle=True)
```

基本上，一旦下载了数据，这段代码就会进行数据预处理，在第 1 章 "拆分输入数据" 中已经讨论过该步骤。

现在必须定义 main() 函数来连接参数服务器和工作节点。其定义如下：

```
def main():
    ps = ParameterServer()
    worker = Worker()

    for batch_idx, (data, target) in enumerate(train_loader):
        params = ps.get_weights()
        worker.pull_weights(params)
        grads = worker.push_gradients(batch_idx, data, target)
        ps.update_model(grads)
```

可以看到，上述代码首先将初始化参数服务器（ps）和工作节点（worker）。然后，对于各种形式的批次训练，执行以下操作。

（1）从参数服务器中拉取最新的权重。

（2）让工作节点拉取权重并更新其局部模型参数。

（3）计算梯度。

（4）让参数服务器使用步骤（3）中的梯度更新模型权重。

每个批次训练迭代都将循环遍历这 4 个函数。

完成上述步骤后，必须运行主函数，示例如下：

```
$ python main.py
```

这将在每次训练迭代后报告损失值，内容如下：

```
batch 0 training :: loss 2.3417391777038574
batch 1 training :: loss 2.321241855621338
batch 2 training :: loss 2.324983596801758
...
batch 467 training :: loss 0.24062871932983398
batch 468 training :: loss 0.2222810834646225
Done Training
```

现在我们已经有了一个简单的参数服务器架构，其中包含一个参数服务器和一个工作节点。可以通过在多个 GPU 上初始化 Worker() 对象来轻松地添加更多的工作节点，还可以通过将不同的模型层分配给不同的 GPU 来将单个参数服务器拆分为共享服务器。

2.4　参数服务器的问题

近年来，越来越少的机器学习从业者将参数服务器范式用于他们的数据并行训练工作。参数服务器架构流行度下降主要有两个方面的原因。

第一个原因：给定 N 个节点，我们并不清楚参数服务器和工作节点之间的最佳比率是多少。

第二个原因：参数服务器架构为从业者带来了很高的编码复杂度。

先来看看第一个原因。如前文所述，在参数服务器架构中，我们有如下两个角色。

❑　参数服务器：

➢　从不训练，0 训练带宽。

➢　更多的参数服务器，更高的通信带宽，更少的模型同步延迟。

❑　工作节点：

➢　更多的工作节点，更高的训练带宽。

➢　更多的工作节点，更多的数据传输，更高的模型同步开销。

因此，我们需要平衡训练的吞吐量和通信延迟。接下来我们将在两种情况下讨论这种权衡。

2.4.1　情况 1——更多参数服务器

如果分配更多的节点作为参数服务器，则将有更少的数据需要进行通信，因为我们会有更少的工作节点来同步。由于存在更多的参数服务器，因此可以有更高的网络带宽。该模型同步延迟定义如下：

$$Model\_sync\_latency = Amount\_of\_data / Total\_communication\_bw$$
$$模型同步延迟 = 数据总量/总通信带宽$$

因此，更多的参数服务器意味着更低的通信延迟。

在训练吞吐量方面，由于参数工作节点对训练带宽没有贡献，因此更少的工作节点意味着训练吞吐量较低。

2.4.2　情况 2——更多工作节点

反过来，如果将更多的节点分配为工作节点，则会有更多的数据需要进行通信，因为需要同步更多的工作节点。由于参数服务器较少，因此通信带宽较低。根据上述等式，更多的工作节点则意味着更高的通信延迟。

在训练吞吐量方面，更多的工作节点意味着有更高的训练吞吐量。

🛈 **注意：训练吞吐量和通信延迟之间的权衡**

给定 N 个节点，很难确定参数服务器数量和工作节点数量之间的最佳比例。

更多的参数服务器意味着较低的通信延迟，但是训练吞吐量也会因此而降低；另一方面，更多的工作节点意味着较高的通信延迟，但是训练吞吐量却会因此而提高。

2.4.3　参数服务器架构为从业者带来了很高的编码复杂度

在 2.3 节"实现参数服务器"中可以看到，参数服务器架构引入的编码复杂性主要体现在以下两个方面。

（1）需要显式定义 Worker()和 ParameterSever()对象，还需要在这些对象中实现额外的函数。

（2）需要为工作节点和参数服务器明确定义通信句柄/指针。此外，如果硬件环境发生变化（如参数服务器数量变化、工作节点数量变化、节点间网络拓扑结构变化），则还需要重复实现数据传输协议。

鉴于参数服务器架构的这两个主要缺点，人们倾向于切换到另一种称为 All-Reduce 的数据并行训练范式。

2.5　All-Reduce 架构

到目前为止，我们已经讨论了参数服务器架构、它的实现以及缺点。接下来，让我们看看同样可用于数据并行训练过程的 All-Reduce 架构。

All-Reduce 架构放弃了参数服务器架构中的参数服务器角色。现在，每个节点都是等效的，它们都是工作节点。

这种全工作节点方法直接解决了参数服务器架构中的两个主要缺点。

❑　由于只有工作节点，因此，给定 N 个节点，我们不需要确定参数服务器和工作节点之间的比率。将所有节点视为工作节点即可。

❑　只需要定义工作节点对象。此外，实现通信协议的负担也留给了标准的集体通信库（如 NCCL 和 Blink）。

All-Reduce 范式是从传统的消息传递接口（message passing interface，MPI）域中借用的。在讨论 All-Reduce 之前，让我们先了解一下归约（Reduce）的工作原理。

2.5.1　Reduce

首先，让我们看一个与 All-Reduce 相关的更简单的集体原语，称为 Reduce。

图 2.6 显示了一个三工作节点的 Reduce 设置，我们从 Worker 1、Worker 2、Worker 3 对 Worker 1 进行 Reduce 操作。

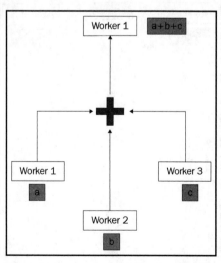

图 2.6　三工作节点设置中的 Reduce 原语

从图 2.6 中可以看到，Reduce 运算符（+）用于聚合来自不同节点的值并将它们存储在单个节点中。一些最常见的 Reduce 运算符如下。

- ❑ 求和。
- ❑ 平均。
- ❑ 乘法。

最广泛使用的 Reduce 运算符是 sum（求和）。

如图 2.6 所示，最初，Worker 1 的值为 a，Worker 2 的值为 b，Worker 3 的值为 c。一旦将 Reduce 函数与 sum 运算符一起使用，则会将 Worker 1、Worker 2 和 Worker 3 的值聚合到 Worker 1 中。因此，在 Worker 1 上使用 Reduce 函数后，Worker 1 上保存的值会变成 a+b+c，而不再是 a。

请注意，使用 Reduce 函数后，Worker 2 和 Worker 3 上保存的值不会改变。更准确地说，使用 Reduce 函数后，Worker 2 上的值仍然是 b，Worker 3 上的值仍然是 c。

在图 2.6 中，Reduce 的通信模式是全对一通信，即所有节点都将其本地值发送给 Reduce 节点。

2.5.2　All-Reduce

现在来看看 All-Reduce 函数。如前文所述，Reduce 会有一个节点保持聚合值，而 All-Reduce 则允许所有节点获得相同的聚合值，如图 2.7 所示。

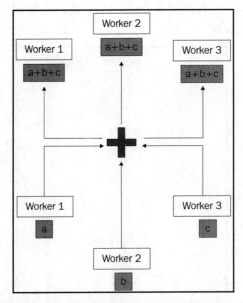

图 2.7　三工作节点设置中的 All-Reduce 原语

从图 2.7 中可以看到，在使用 All-Reduce 函数之前，Worker 1 的值为 a，Worker 2 的值为 b，Worker 3 的值为 c。Reduce 函数只允许一个节点拥有最终的聚合值（即 a+b+c），而执行 All-Reduce 操作之后，每个工作节点都将获得该聚合值。

现在可以假设工作节点的值就是它们的梯度。All-Reduce 函数允许所有工作节点从所有工作节点获取聚合之后的梯度。这种梯度聚合其实就是 All-Reduce 架构中的模型同步过程，它保证所有工作节点在当前训练迭代中使用相同的梯度来更新模型。

更准确地说，模型将按以下步骤同步。

（1）一开始，所有的工作节点都用相同的模型参数值初始化。

（2）一次训练迭代后，不同工作节点上的模型是同步的，因为一旦使用了 All-Reduce 函数，则模型更新的梯度值是相同的。

（3）循环步骤（2），直到训练结束。

对于通信模式，All-Reduce 会将 Reduce 的全对一（all-to-one）通信扩展为全对全（all-to-all）通信。如图 2.7 所示，每个工作节点都需要将其值发送给所有其他工作节点。

2.5.3 Ring All-Reduce

前文我们讨论了 Reduce 以及如何将其扩展到 All-Reduce。本小节将讨论一个流行的 All-Reduce 函数实现，称为 Ring All-Reduce。Ring All-Reduce 已在 PyTorch Distributed 和 TensorFlow 等深度学习框架中得到广泛应用。

Ring All-Reduce 的几种流行实现如下。

❑ NVIDIA NCCL。

❑ Uber Horovod。

❑ Facebook Gloo。

现在让我们来看一下 Ring All-Reduce 在真实硬件环境中的工作原理。这里将使用 3 个工作节点的例子进行说明。每个步骤都提供了相关的示意图。

❑ 第 1 步：Worker 1 的值为 a，Worker 2 的值为 b，Worker 3 的值为 c，如图 2.8 所示。

❑ 第 2 步：Worker 1 的值为 a。Worker 1 将这个值 a 传递给 Worker 2。Worker 2 的值变为 a+b。Worker 3 的值仍然为 c，如图 2.9 所示。

❑ 第 3 步：Worker 1 的值为 a。Worker 2 的值为 a+b，它将值传递给 Worker 3。Worker 3 现在的值变为 a+b+c，如图 2.10 所示。

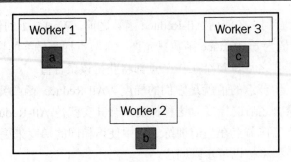

图 2.8　三工作节点设置中 Ring All-Reduce 的第 1 步

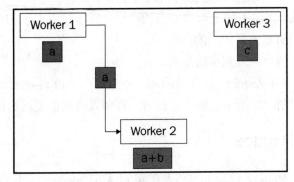

图 2.9　三工作节点设置中 Ring All-Reduce 的第 2 步

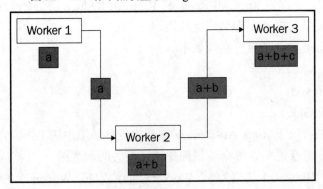

图 2.10　三工作节点设置中 Ring All-Reduce 的第 3 步

❑ 第 4 步：Worker 3 将值 a+b+c 传递给 Worker 1。Worker 1 现在的值则变为 a+b+c。Worker 2 现在的值仍为 a+b。Worker 3 现在的值仍为 a+b+c，如图 2.11 所示。

❑ 第 5 步：Worker 1 将值 a+b+c 传递给 Worker 2。Worker 2 现在的值变为 a+b+c，Worker 3 的值仍为 a+b+c，如图 2.12 所示。

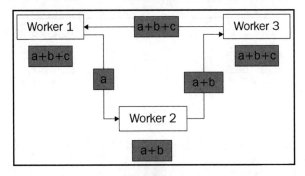

图 2.11 三工作节点设置中 Ring All-Reduce 的第 4 步

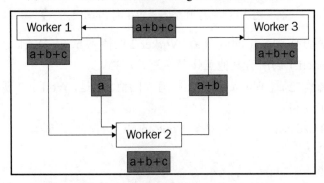

图 2.12 三工作节点设置中 Ring All-Reduce 的第 5 步

在这个三 GPU 设置中，Ring All-Reduce 在遍历所有这些步骤后完成。

现在我们已经了解了有关为数据并行训练执行 All-Reduce 的主题，接下来，让我们看看更多相关的通信原语。

2.6 集 体 通 信

除了流行的 All-Reduce 函数，集体通信还有更多的消息传递函数。本节将讨论几个重要的集体通信函数，即 Broadcast、Gather 和 All-Gather。

2.6.1 Broadcast

Broadcast（广播）也广泛应用于 All-Reduce 架构。例如，可以使用 Broadcast 在所有工作节点之间分配初始模型权重。图 2.13 显示了三工作节点设置中的 Broadcast 函数示例。

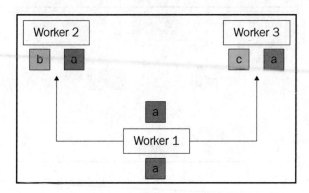

图 2.13　三工作节点设置中的 Broadcast

可以看到，最初 Worker 1 的值为 a，Worker 2 的值为 b，而 Worker 3 的值为 c。在这里，我们将从 Worker 1 向所有其他工作节点进行广播。

在这个广播操作之后，Worker 1 仍然持有 a 的值。但是，Worker 2 现在持有值 a 和 b，Worker 3 则持有值 a 和 c。

由此可见，Broadcast 是一种一对全（one-to-all）的通信原语。

2.6.2　Gather

Gather（收集）可以看作 Broadcast 的逆操作。Gather 节点将同时收集来自所有其他节点中所有的值，如图 2.14 所示。

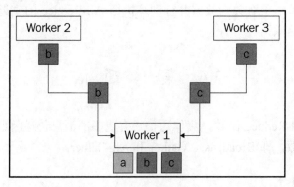

图 2.14　三工作节点设置中的 Gather

从图 2.14 中可以看到，我们在 Worker 1 上使用了 Gather 函数。在 Gather 操作过程中，Worker 2 和 Worker 3 都会同时将它们的本地值发送给 Worker 1。

在 Worker 1 上执行 Gather 函数后，Worker 1 会从所有的其他工作节点中获取所有的值。但是，所有其他工作节点仍将保持其初始值，除非它们也调用了 Gather 函数。

由此可见，Gather 是一种全对一（all-to-one）的通信原语，这类似于 Reduce。唯一的区别是 Gather 只收集所有工作节点的数据，而没有归约操作（如 sum）。

2.6.3　All-Gather

为了扩展 Gather 使其成为一个全对全（all-to-all）函数，可以引入 All-Gather 操作。

值得一提的是，All-Gather 是一项非常昂贵的操作。因此，如果没有必要，请避免使用它。

对于每个工作节点来说，All-Gather 相当于同时进行 Broadcast 和 Gather。让我们以图 2.15 中的 Worker 1 为例进行说明。

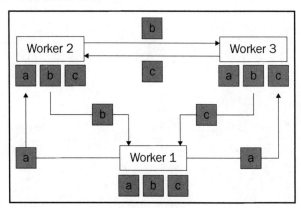

图 2.15　三工作节点设置中的 All-Gather

要完成 All-Gather，Worker 1 需要执行以下操作。

❑　将其本地值广播给 Worker 2 和 Worker 3。

❑　收集来自 Worker 2 和 Worker 3 的所有值。

在 All-Gather 期间，所有其他工作节点也将同时发送和接收数据，这和 Worker 1 所做的事情是一样的。

就网络带宽使用而言，All-Gather 比 All-Reduce 更昂贵。主要原因是每个工作节点都将在 All-Gather 中发送/接收它们的原始数据，没有像 All-Reduce 中那样进行数据聚合。因此，All-Gather 中的数据传输总量远远超过 All-Reduce。

2.7　小　　结

　　本章主要讨论了两种流行的数据并行训练范式：参数服务器和 All-Reduce。现在你应该理解了参数服务器架构、它的实现以及缺点，还应该了解 All-Reduce 架构以及更多的集体通信原语。

　　第 3 章将重点介绍使用数据并行实现整个模型训练和服务管道。

第 3 章　构建数据并行训练和服务管道

在第 2 章"参数服务器和 All-Reduce"中,我们详细讨论了两种主流的数据并行训练范式:参数服务器和 All-Reduce。由于参数服务器范式的缺点,现在数据并行训练的主流方案是 All-Reduce 架构,因此我们将使用 All-Reduce 范式来演示其实现。

本章将主要关注数据并行的代码编写方面。在深入研究细节之前,还需要列出我们对本章实现的假设。

❑　我们将为所有训练节点使用同质硬件。

❑　所有的训练节点都将专门用于单个作业,这意味着在多租户集群中没有资源共享。

❑　加速器的数量将始终充分满足我们的需求。

本章将首先描述整个训练管道并重点介绍主要组件,包括数据预处理、输入数据分区、数据加载、训练、模型同步和模型更新等。

接下来,我们将讨论两种不同设置下的实现,即单机多 GPU 和多机多 GPU。然后,将说明如何在训练期间检查模型及其相关元数据。此外,我们还将解释如何利用大量计算节点进行模型评估和超参数调优。

最后,本章将讨论如何实现数据并行模型服务。

本章包含以下主题。

❑　数据并行训练管道概述。

❑　单机多 GPU 和多机多 GPU。

❑　检查点和容错。

❑　模型评估和超参数调优。

❑　数据并行中的模型服务。

3.1　技 术 要 求

本章的实现将使用一个简单的卷积神经网络(CNN)作为模型,并使用 MNIST 作为数据集。我们将使用 PyTorch 进行演示。本章代码的主要库依赖如下。

❑　torch >= 1.8.1。

❑　torchvision >= 0.9.1。

❑　cuda >= 11.0。

❑　NVIDIA 驱动程序 >= 450.119.03。

在继续学习本章之前，必须安装这些库的正确版本。

3.2　数据并行训练管道概述

本节将主要讨论使用基于 **All-Reduce** 的数据并行架构。该讨论将涵盖整个数据并行训练管道。整个训练工作流程如图 3.1 所示。

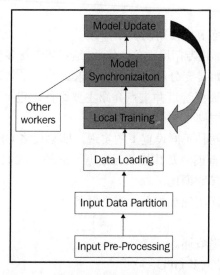

图 3.1　训练工作流程

原　　文	译　　文	原　　文	译　　文
Model Update	模型更新	Data Loading	数据加载
Model Synchronization	模型同步	Input Data Partition	输入数据分区
Local Training	本地训练	Input Pre-Processing	输入预处理
Other workers	其他工作节点		

从图 3.1 中可以看到，每个工作节点的训练管道包括以下 6 个步骤。

（1）输入预处理：给定原始训练输入数据，我们需要对其进行预处理。常见的输入预处理技术包括图像裁剪、图像翻转、输入数据归一化等。

（2）输入数据分区：将整个输入数据集拆分为多个块，并将每个块分配给一个加速器（如 GPU）用于模型训练过程。

（3）数据加载：将数据分区加载到用来训练模型的加速器中。

（4）本地训练：工作节点使用其训练输入数据在本地训练模型。

（5）模型同步：生成本地梯度后，与其他工作节点同步。

（6）模型更新：得到同步之后的梯度后，用聚合梯度更新本地模型参数。

对连续的训练迭代重复步骤（4）到步骤（6）。

如图 3.1 所示，数据并行训练的主要步骤是本地训练、模型同步和模型更新（已经用阴影框表示）。接下来，让我们看看每个步骤的实现。

3.2.1　输入预处理

对于输入数据的直接预处理，可以使用 torchvision 库中的一些预定义函数：

```
import torch
...
from torchvision import transforms
```

定义输入预处理函数如下：

```
# Transformations
RC = transforms.RandomCrop(32, padding=4)
RHF = transforms.RandomHorizontalFlip()
RVF = transforms.RandomVerticalFlip()
NRM = transforms.Normalize((0.1307,),(0.3081,))
TT = transforms.ToTensor()
TPIL = transforms.ToPILImage()
```

从上述代码片段中可以看到，我们定义了以下 6 个输入预处理函数。

❑　RC()：用于图像裁剪并在裁剪图像的边界之间添加零填充。

❑　RHF()：用于水平翻转训练图像。

❑　RVF()：用于垂直翻转训练图像。

❑　NRM()：用于用均值和标准差对训练图像进行归一化。请注意，不同数据集的均值和方差值可能会有所不同。

❑　TT()：用于将 PIL 或 numpy 数组转换为 PyTorch 张量格式。

❑　TPIL()：用于将 PyTorch 张量或 numpy 数组转换为 PIL 图像。

在定义了预处理函数之后，即可将它们组合起来对训练数据集和测试数据集进行预处理，代码如下：

```
# 通过增强方式变换训练集的对象
transform_with_aug = transforms.Compose([RC, RHF, TT, NRM])
```

```
# 通过无增强方式变换测试集的对象
transform_no_aug = transforms.Compose([TT, NRM])
```

在上述代码（transform_with_aug）中可以看到，对于每幅训练图像，可依次将其传递给 RC()、RHF()、TT()和 NRM()。

对于测试图像，则定义了 transform_no_aug()，它只添加了 TT()和 NRM()作为图像预处理操作，没有增强处理。

然后，必须将 transform_with_aug 包装到 Python 类以进行图像预处理。以下代码定义了用于训练图像的预处理类：

```
class MNISTTrainingPreProcessing(...):
    def__init__(self, ...):
        dataset = datasets.MNIST(root=DATASET_ROOT,
        train=True,
            download=True,
            transform=transform_with_aug)
        super().__init__(dataset, ...)
```

对于测试集，则必须定义一个名为 MNISTTestingPreProcessing()的预处理 Python 类，代码片段如下：

```
class MNISTTestingPreProcessing(...):
    def __init__(self, ...):
        dataset = datasets.MNIST(root=DATASET_ROOT,
        train=False,
            download=True,
            transform=transform_with_no_aug)
        super().__init__(dataset, ...)
```

在进行图像预处理之后，还需要将输入数据分割成分区，并将每个分区分配给一个工作节点以进行模型训练。

3.2.2　输入数据分区

与单节点训练相比，数据并行训练需要将这一额外步骤插入到训练管道中。在这里，可以直接借用 PyTorch 的 DistributedSampler()函数进行训练数据分布。它的工作方式如下：

```
if args.distributed == True:
    train_partition = \
torch.utils.data.distributed.DistributedSampler(train_set,...)
```

该函数的作用是将整个训练集分散到不相交的子集中。因此，它保证了这些子集中没有重复的图像。

3.2.3　数据加载

在获得每个 GPU 的数据分区后，必须将训练样本加载到加速器中。在每个 GPU 上，需要定义一个 train_loader()函数，其定义如下：

```
train_loader = torch.utils.data.DataLoader(
        trainset,
        batch_size=args.train_batch,
        ...
        num_workers=args.workers,
        pin_memory=True)
```

类似地，test_loader()使用与 train_loader()相同的函数。故此处从略。

这里值得一提的是 pin_memory 选项。如果有足够的 CPU 内存，则最好始终将其设置为 True。这是因为固定内存保证了存储在这些内存页面中的数据不会被分页。因此，它保证了从 CPU 到设备的最佳数据加载速度。

3.2.4　数据训练

我们假设你拥有在单个节点上进行模型训练的经验。因此，本小节将重点介绍一些仅在数据并行训练过程中使用的关键函数。

首先，我们需要定义损失函数：

```
import torch.nn as nn
loss_fn = nn.CrossEntropyLoss().cuda(device_i)
```

我们通常使用的损失函数是 CrossEntropyLoss()，它在深度学习任务中非常流行。对于更简单的任务，则可以相应地选择使用 MSELoss()或 NLLLoss()。loss_function 和 criterion 在 PyTorch 实现中可以互换使用。

接下来，我们需要为数据并行训练定义优化器。在第 1 章"拆分输入数据"中已经介绍过，可以使用随机梯度下降（SGD）作为数据并行训练的主要选项。其定义如下：

```
import torch.optim
optimizer = torch.optim.SGD(model.parameters(), learning_rate, ...)
```

这段代码相当简单：我们就是将 model.parameters()和相关的超参数（如 learning_rate）传入 SGD 优化器。

3.2.5　模型同步

在获得每个 GPU 的数据分区后，还必须将训练样本加载到加速器中。因此，在每个 GPU 上必须定义一个 train_loader()函数，其定义如下：

```
...
optimizer.zero_grad()
loss_fn.backward()
...
```

这些步骤涵盖了主要的反向传播过程。首先，我们将前一次迭代产生的梯度清零；其次，调用 backward()函数，它会自动执行模型同步。

loss_fn.backward()中的模型同步工作如下。

（1）在层生成其本地梯度之后，PyTorch 将初始化每层的 All-Reduce 函数以获取该层的全局同步梯度。为了减少系统控制的开销，PyTorch 通常将多个后续层分组并执行每个组的 All-Reduce 函数。

（2）一旦所有层都完成了它们的 All-Reduce 操作，PyTorch 会将所有层的梯度写入 model_parameters()中的 gradient 空间。请注意，这是一个阻塞函数调用，意味着在整个模型的 All-Reduce 完成之前，工作节点不会开始进一步的操作。

在完成所有工作节点之间的模型同步之后，即可允许每个工作节点更新其本地模型参数。

3.2.6　模型更新

模型同步后，每个工作节点都将使用以下 step()函数更新其本地模型参数：

```
optimizer.step()
```

这与单节点训练中的模型更新函数相同。一旦模型更新完毕，即可开始训练迭代。

3.3　单机多 GPU 和多机多 GPU

到目前为止，我们已经讨论了数据并行训练的主要步骤。本节将解释数据并行训练中的两种主要硬件设置类型。

❑　第一种类型是具有多个 GPU 的单台机器。在此设置中，可以使用单个进程或多个进程启动所有并行训练任务。

❑ 第二种类型是具有多个 GPU 的多台机器。在此设置中，需要配置所有机器之间的
网络通信门户网站，还需要形成一个进程组来同步跨机器和跨 GPU 的训练过程。

3.3.1 单机多 GPU

相比多机多 GPU，单机多 GPU 更容易设置。在讨论其实现之前，可以先检查一下硬
件配置是否良好。在终端输入以下命令：

```
$ nvidia-smi
```

如果 NVIDIA 驱动程序和 CUDA 安装正确，应该可以看到如图 3.2 所示的硬件信息。

```
+-----------------------------------------------------------------------------+
| NVIDIA-SMI 450.119.03   Driver Version: 450.119.03   CUDA Version: 11.0      |
|-------------------------------+----------------------+----------------------+
| GPU  Name        Persistence-M| Bus-Id        Disp.A | Volatile Uncorr. ECC |
| Fan  Temp  Perf  Pwr:Usage/Cap| Memory-Usage         | GPU-Util  Compute M. |
|                               |                      |               MIG M. |
|===============================+======================+======================|
|   0  Tesla V100-SXM2...  On   | 00000000:00:1B.0 Off |                    0 |
| N/A   33C    P0    39W / 300W |     0MiB / 16160MiB  |      0%      Default |
|                               |                      |                  N/A |
+-------------------------------+----------------------+----------------------+
|   1  Tesla V100-SXM2...  On   | 00000000:00:1C.0 Off |                    0 |
| N/A   33C    P0    39W / 300W |     0MiB / 16160MiB. |      0%      Default |
|                               |                      |                  N/A |
+-------------------------------+----------------------+----------------------+
|   2  Tesla V100-SXM2...  On   | 00000000:00:1D.0 Off |                    0 |
| N/A   35C    P0    41W / 300W |     0MiB / 16160MiB |.      0%      Default |
|                               |                      |                  N/A |
+-------------------------------+----------------------+----------------------+
|   3  Tesla V100-SXM2...  On   | 00000000:00:1E.0 Off |                    0 |
| N/A   35C    P0    41W / 300W |     0MiB / 16160MiB  |      0%      Default |
|                               |                      |                  N/A |
+-------------------------------+----------------------+----------------------+

+-----------------------------------------------------------------------------+
| Processes:                                                                  |
|  GPU   GI   CI        PID   Type   Process name            GPU Memory       |
|        ID   ID                                             Usage            |
|=============================================================================|
|  No running processes found                                                 |
+-----------------------------------------------------------------------------+
```

图 3.2 单节点多 GPU 的 NVIDIA-SMI 信息

从图 3.2 中可以看到，对于该硬件配置，我们使用了 NVIDIA 驱动程序版本 450.119.3
和 CUDA 的当前版本 11.0。在这台机器上有 4 个 Tesla V100 GPU，每个 GPU 都有 16160 MB

（约 16 GB）的设备内存。

对于实时系统监控，在终端中输入以下命令：

```
$ nvidia-smi stats
```

然后，监视器可以实时打印出 GPU 资源利用率，包括 gpuUtil（计算利用率）和 memUtil（内存利用率）等。

我们假设所有硬件配置都是正确的。现在来看看如何在具有多个 GPU 的单台机器上完成数据并行训练。

首先需要在系统中设置默认设备/加速器：

```
import torch
device = torch.device ("cuda" if torch.cuda.is_available() else "cpu")
```

其次，使用预定义的模型，我们必须将模型传递给所有可用的设备：

```
model = torch.nn.DataParallel(model)
```

然后，PyTorch 将在后台进行数据并行训练。当你运行整个数据并行训练作业时，系统将启动具有多个线程的单个进程。每个线程负责在单个 GPU 上运行训练任务。整个工作流程如图 3.3 所示。

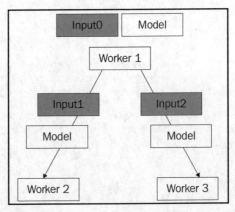

图 3.3　nn.DataParallel()中的模型和数据分区分布

从图 3.3 中可以看到，我们将默认 GPU 设置为 Worker 1。

nn.DataParallel()的工作方式如下。

（1）在 Worker 1 上初始化模型，让 Worker 1 拆分输入的训练数据。

（2）Worker 1 将模型参数广播给所有其他的工作节点（即 Worker 2 和 Worker 3）。此外，Worker 1 还会将不同的输入数据分区发送给不同的工作节点（Input1 发送给 Worker

2，Input2 发送给 Worker 3）。

（3）在所有设备上开始数据并行训练。

如图 3.4 所示，在每次训练迭代中，除了本地训练，Worker 1 还需要处理额外的操作。

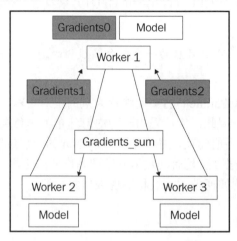

图 3.4　nn.DataParallel()中的模型同步

从图 3.4 中可以看到，每个工作节点在生成其本地梯度后（如 Worker 1 上的 Gradients0 和 Worker 2 上的 Gradients1），都会将其本地梯度发送给 Worker 1。在 Worker 1 将来自所有工作节点的所有梯度聚合为 Gradients_sum 之后，Worker 1 将向所有其他工作节点广播 Gradients_sum。

请注意，Gradients_sum 广播相当于广播更新的模型。作为替代选项，真正的系统实现可以是所有从默认工作节点中提取更新模型的工作节点。

检查此数据并行训练作业是否使用多个 GPU 的方法之一是打印出 nvidis-smi 信息。如图 3.5 所示，如果使用 nn.DataParallel()成功运行作业，那么你可能会发现所有 GPU 都在使用并且共享相同的进程 ID（图 3.5 中的 PID 为 7906）。

```
| Processes:                                                          |
|  GPU   GI   CI        PID   Type   Process name         GPU Memory  |
|        ID   ID                                           Usage      |
|                                                                    |
|    0  N/A  N/A       7906     C    python                1393MiB    |
|    1  N/A  N/A       7906     C    python                1393MiB    |
|    2  N/A  N/A       7906     C    python                1393MiB    |
|    3  N/A  N/A       7906     C    python                1035MiB    |
```

图 3.5　使用 nn.DataParallel()检查数据并行作业的 GPU 运行状态

此外，还可以通过将另一个参数指定为 device_ids 来指定要使用的设备。例如，如果你只想在机器中使用两个 GPU，则可以按以下方式传入参数：

```
model = torch.nn.DataParallel(model, device_ids=[0,1])
```

此时，你只需使用两个 GPU（GPU0 和 GPU1）来执行这个数据并行训练作业。

💡提示：

在单机多 GPU 方面，可以只启动一个包含多线程的进程。每个线程负责在单个 GPU 上运行本地训练任务。

如前文所述，nn.DataParallel()的实现涉及大量的全对一和一对全通信，这使得默认的根节点成为通信瓶颈。因此，应该采用一种均匀分布工作负载和网络通信的方案。

此外，PyTorch 用户手册建议，由于继承自 Python 的全局解释器锁（global interpreter lock，GIL）问题，多进程可能是启动数据并行训练作业的更好选择。

接下来，我们将说明如何使用多进程实现数据并行训练。

3.3.2　多机多 GPU

本小节将讨论多机器情况下的多进程实现。我们将使用的机器具有相同数量的 GPU，但这不是必需的。在进入具体实现之前，需要为多机的情况定义一些概念。

❑　rank：所有机器中所有 GPU 的唯一序列号。
❑　local_rank：机器内 GPU 的序列号。
❑　world_size：所有机器中所有 GPU 的计数，即所有机器中 GPU 的总数。

图 3.6 展示了一个简单的示例。在此示例中，我们有两台机器，每台机器都有两个 GPU。每台机器中两个 GPU 的 local_rank 可以是 0 或 1。

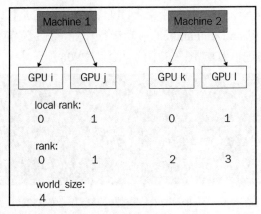

图 3.6　分布式数据并行训练中的 local_rank、rank 和 world_size 示意图

在所有机器中，每个 GPU 的 rank 数字是唯一的。在图 3.6 中，rank 编号范围为 0～3。由于总共有 4 个 GPU，因此 world_size 为 4。

本示例没有使用 nn.DataParallel()，而是使用 nn.parallel.DistributedDataParallel()：

```
from torch.nn.parallel import DistributedDataParallel as DDP
```

我们还需要导入其他相关库进行分布式数据并行训练：

```
import torch.distributed as dist
import torch.distributed.autograd as dist_autograd
from torchvision import datasets, transforms
from torch import optim
from torch.distributed.optim import DistributedOptimizer
from torch.nn.parallel import DistributedDataParallel as DDP
from torch.utils.data.distributed import DistributedSampler as
DDP_sampler
```

最后，我们还必须导入 torch 的多进程库：

```
import torch.multiprocessing as mp
```

在多进程模式下，我们需要定义若干个系统设置。

（1）设置主节点的网络环境：

```
import os
def net_setup():
    os.environ['MASTER_ADDR'] = '172.31.26.15'
    os.environ['MASTER_PORT'] = '12345'
```

可以看到，我们需要设置主节点的 IP 地址和端口号。

（2）从用户那里解析一些重要的参数：

```
def main():
...
    parser = argparse.ArgumentParser(description =
'distributed data parallel training')
    parser.add_argument('-m', '--machines', default=2,
type=int, help='number of machines')
    parser.add_argument('-g', '--gpus', default = 4,
type=int, help='number of GPUs in a machine')
    parser.add_argument('-id', '--mid', default = 0,
type=int, help='machine id number')
    parser.add_argument('-e', '--epochs', default = 2,
type = int, help='number of epochs')
```

在这里，我们需要解析这个数据并行训练作业中的机器数量（即'--machines'）、每台机器内的 GPU 数量（即'--gpus'）、当前机器 ID（即'--mid'）和训练过程的轮次数（即'--epochs'）。

（3）必须使用 PyTorch 多进程来产生进程：

```
mp.spawn(train, nprocs=args.gpus, args=(args,), join=True)
```

这会启动多个进程，其中每个进程负责在单个 GPU 上训练任务。

执行完这些步骤后，还需要定义分布式训练函数。在这里，我们只重点介绍在这个多进程数据并行训练过程中引入的新函数。

❑　在计算 global_rank 和 world_size 时设置 torch_seed：

```
def train(local_rank, args):
    torch.manual_seed(123)
    world_size = args.machines * args.gpus
    rank = args.mid * args.gpus + local_rank
```

可使用以下关键组件定义训练函数。

➤　manual_seed 可用于保证在所有工作节点中初始化相同的模型权重。

➤　world_size 可定义为机器数量与机器内 GPU 数量的乘积。

➤　rank 可计算为特定 GPU 的全局排名数。

❑　使用通信后端初始化进程组：

```
dist.init_process_group('nccl',
        rank =rank,
        world_size = world_size,
                  timeout=datetime.timedelta(seconds=60))
```

在这里，我们使用了 NCCL 作为通信后端。在第 1 章"拆分输入数据"中还介绍了其他通信后端（如'gloo'）。

❑　将 sampler 添加到 data_loader：

```
local_train_loader = \
torch.utils.data.DataLoader(datasets.MNIST('./mnist_data',
        download=True,
        train=True,
        transform = ...
        shuffle = False,
        sampler = local_train_sampler)
```

可以看到，我们将 DataLoader 与数据集和预定义的 local_train_sampler()一起传入。

❑　使用 DistributedDataParallel()包装模型：

```
model = DDP(model,
    device_ids=[local_rank])
```

在这里，我们将模型包装在 DDP（即 DistributedDataParallel）中，并且提供了每个 GPU 的 local_rank 编号。

将所有这些设置添加到 train()函数中，即可训练模型，这和单节点训练是一样的。本次训练过程的核心代码如下：

```
for epoch in range(args.epochs):
    print(f"Epoch {epoch}")
    for idx, (data, target) in enumerate(local_train_loader):
        data = data.cuda()
        target = target.cuda()
        output = model(data)
        loss = F.cross_entropy(output, target)
        loss.backward()
        optimizer.step()
```

至此，我们已经完成了在多机器、多 GPU 设置下实现多进程数据并行训练。

要正确启动此分布式训练作业，请在每台机器上打开一个终端并输入以下命令。

❑　对于 IP 为 172.31.26.15 的主机，使用以下命令：

```
ubuntu@172-31-26-15$ python main.py --mid=0
```

❑　对于 IP 为 172.31.26.16 的另一台机器，使用以下命令：

```
ubuntu@172-31-26-16$ python main.py --mid=1
```

可以通过将--mid 设置为其他数字来将其他机器添加到此数据并行训练工作负载中。

在这里，我们使用了 2 台机器，每台机器都有 4 个 GPU。成功运行上述脚本后，即可在每台机器上看到以下并发训练：

```
ubuntu@172-31-26-16$ python main.py --mid=0
Epoch 0
Epoch 0
Epoch 0
Epoch 0
batch 0 training :: loss 2.3160948753356934
batch 0 training :: loss 2.3030762672424316
batch 0 training :: loss 2.3058559894561768
batch 0 training :: loss 2.3034820556640625
```

```
batch 1 training :: loss 2.3026175498962402
batch 1 training :: loss 2.313504695892334
batch 1 training :: loss 2.306662082672119
batch 1 training :: loss 2.311518907546997
...
batch 56 training :: loss 0.359452486038208
batch 56 training :: loss 0.3805597722530365
batch 56 training :: loss 0.2707654535770416
batch 56 training :: loss 0.4161689281463623
batch 57 training :: loss 0.22238844633102417
batch 57 training :: loss 0.38648080825805664
batch 57 training :: loss 0.305296391248703
batch 57 training :: loss 0.3957134783267975
batch 58 training :: loss 0.3631390929222107
Training Done!
batch 58 training :: loss 0.38556599617004395
batch 58 training :: loss 0.45669931173324585
Training Done!
Training Done!
batch 58 training :: loss 0.20888786017894745
Training Done!
```

可以看到，我们有 4 个 GPU 在同一台机器上同时训练。鉴于总共有 8 个 GPU（两台机器），批次大小为 128，每个 GPU 只需要训练约 58 个小批次的训练数据即可完成 1 个训练轮次。这大约是单节点训练模式下批次数量的 1/8。

此外，由于我们使用了多进程在多台机器上进行并发模型训练，因此两台机器都在运行 4 个不同的进程，每个 GPU 上运行一个进程。

例如，在主机上（见图 3.7），在 4 个不同的 GPU 上启动了进程 40074~40077。在另一台包含 4 个 GPU 的机器上，同样在 4 个 GPU 上启动了进程 27914~27917（见图 3.8）。

与 PyTorch 中的 DataParallel()相比，DistributedDataParallel()在所有工作节点之间具有更好的负载均衡。如图 3.7 和图 3.8 所示，所有 GPU 的内存占用和计算核心利用率都相似。这表明工作负载均匀分布在所有工作节点之间。因此，所有 GPU 可以大致同时完成训练工作，这意味着整个并行系统中没有落后者。

如图 3.7 和图 3.8 所示，所有 GPU 的计算核心的利用率约为 20%~30%，每个 GPU 的内存消耗约为 1800 MB。

相比之下，如图 3.3 和图 3.4 所示，对于单进程的 DataParallel()，GPU 0（Worker 1）的计算工作量更大。额外的工作量包括梯度聚合和输入数据分布等。因此，这使得 GPU 0（Worker 1）成为此数据并行训练作业的瓶颈和落后者。

```
| NVIDIA-SMI 450.119.03   Driver Version: 450.119.03   CUDA Version: 11.0 |
|-------------------------------+----------------------+----------------------|
| GPU  Name        Persistence-M| Bus-Id        Disp.A | Volatile Uncorr. ECC |
| Fan  Temp  Perf  Pwr:Usage/Cap|         Memory-Usage | GPU-Util  Compute M. |
|                               |                      |               MIG M. |
|===============================+======================+======================|
|   0  Tesla V100-SXM2...  On   | 00000000:00:1B.0 Off |                    0 |
| N/A   43C    P0    57W / 300W |   1768MiB / 16160MiB |     27%      Default |
|                               |                      |                  N/A |
|                               |                      |                      |
|  √1  Tesla V100-SXM2...  On   | 00000000:00:1C.0 Off |                    0 |
| N/A   42C    P0    60W / 300W |   1792MiB / 16160MiB |     29%      Default |
|                               |                      |                  N/A |
|                               |                      |                      |
|   2  Tesla V100-SXM2...  On   | 00000000:00:1D.0 Off |                    0 |
| N/A   43C    P0    68W / 300W |   1792MiB / 16160MiB |     21%      Default |
|                               |                      |                  N/A |
|                               |                      |                      |
|   3  Tesla V100-SXM2...  On   | 00000000:00:1E.0 Off |                    0 |
| N/A   45C    P0    65W / 300W |   1768MiB / 16160MiB |     29%      Default |
|                               |                      |                  N/A |
+-------------------------------+----------------------+----------------------+

+-----------------------------------------------------------------------------+
| Processes:                                                                  |
| GPU   GI   CI        PID   Type   Process name                  GPU Memory  |
|       ID   ID                                                   Usage       |
|=============================================================================|
|    0   N/A  N/A     40074      C   ...rch_latest_p37/bin/python     1765MiB  |
|    1   N/A  N/A     40075      C   ...rch_latest_p37/bin/python     1789MiB  |
|    2   N/A  N/A     40076      C   ...rch_latest_p37/bin/python     1789MiB  |
|    3   N/A  N/A     40077      C   ...rch_latest_p37/bin/python     1765MiB  |
+-----------------------------------------------------------------------------+
```

图 3.7　主机运行状态

```
| NVIDIA-SMI 450.142.00   Driver Version: 450.142.00   CUDA Version: 11.0 |
|-------------------------------+----------------------+----------------------|
| GPU  Name        Persistence-M| Bus-Id        Disp.A | Volatile Uncorr. ECC |
| Fan  Temp  Perf  Pwr:Usage/Cap|         Memory-Usage | GPU-Util  Compute M. |
|                               |                      |               MIG M. |
|===============================+======================+======================|
|   0  Tesla V100-SXM2...  On   | 00000000:00:1B.0 Off |                    0 |
| N/A   45C    P0    71W / 300W |   1768MiB / 16160MiB |     25%      Default |
|                               |                      |                  N/A |
|                               |                      |                      |
|   1  Tesla V100-SXM2...  On   | 00000000:00:1C.0 Off |                    0 |
| N/A   46C    P0    67W / 300W |   1792MiB / 16160MiB |     24%      Default |
|                               |                      |                  N/A |
|                               |                      |                      |
|   2  Tesla V100-SXM2...  On   | 00000000:00:1D.0 Off |                    0 |
| N/A   47C    P0    82W / 300W |   1792MiB / 16160MiB |     26%      Default |
|                               |                      |                  N/A |
|                               |                      |                      |
|   3  Tesla V100-SXM2...  On   | 00000000:00:1E.0 Off |                    0 |
| N/A   45C    P0    73W / 300W |   1768MiB / 16160MiB |     29%      Default |
|                               |                      |                  N/A |
+-------------------------------+----------------------+----------------------+

+-----------------------------------------------------------------------------+
| Processes:                                                                  |
| GPU   GI   CI        PID   Type   Process name                  GPU Memory  |
|       ID   ID                                                   Usage       |
|=============================================================================|
|    0   N/A  N/A     27914      C   ...rch_latest_p37/bin/python     1765MiB  |
|    1   N/A  N/A     27915      C   ...rch_latest_p37/bin/python     1789MiB  |
|    2   N/A  N/A     27916      C   ...rch_latest_p37/bin/python     1789MiB  |
|    3   N/A  N/A     27917      C   ...rch_latest_p37/bin/python     1765MiB  |
+-----------------------------------------------------------------------------+
```

图 3.8　另一台工作机器的运行状态

因此，对于数据并行训练作业，使用多进程 DistributedDataParallel()比使用单进程 DataParallel()更好。造成这种情况的原因主要有两个。

❑ DistributedDataParallel()的负载均衡比 DataParallel()好。

❑ DistributedDataParallel()的一对全和全对一通信比 DataParallel()少，缓解了 DataParallel()中的通信瓶颈问题。

接下来，我们将讨论如何为数据并行管道添加容错。

3.4　检查点和容错

前文我们已经讨论了数据并行训练的两种不同实现方式，即 DistributedDataParallel() 和 DataParallel()。

在这里还遗漏了一个要点，那就是容错，这在分布式系统中很重要。

由于 DistributedDataParallel()优于 DataParallel()，因此我们将在 DistributedDataParallel() 设置中演示检查点的实现。在此设置中，每个进程将负责一个 GPU 的模型检查点。

3.4.1　模型检查点

首先，我们将讨论如何实现并行模型保存，也被称为模型检查点（model checkpoint）。多进程设置中的检查点函数定义如下：

```python
def checkpointing(rank, epoch, net, optimizer, loss):
    path = f"model{rank}.pt"
    torch.save({
        'epoch':epoch,
        'model_state':net.state_dict(),
        'loss': loss,
        'optim_state': optimizer.state_dict(),
        }, path)
    print(f"Checkpointing model {rank} done.")
```

对于每个进程，可以使用其全局排名数字来创建模型保存路径（即本示例中的 f"model{rank}.pt"）。在路径名中使用全局排名数字可以保证两个进程不会保存到同一个路径地址。

创建路径后，即可使用 torch.save()将训练损失、轮次数、模型和优化器参数保存到已经定义的路径中。

在每次训练迭代之后，可以保存一个模型检查点以实现容错。

3.4.2　加载模型检查点

当一些机器宕机时，需要加载之前已经保存到检查点的模型。可以按以下方式定义多进程检查点加载函数：

```
def load_checkpoint(rank, machines):
    path = f"model{rank}.pt"
    checkpoint = torch.load(path)
    model = torch.nn.DataParallel(MyNet(),
                                  device_ids=[rank%machines])
    optimizer = torch.optim.SGD(model.parameters(),
            lr = 5e-4)
    ...
    epoch = checkpoint['epoch']
    loss = checkpoint['loss']
    model.load_state_dict(checkpoint['model_state'])
    optimizer.load_state_dict(checkpoint['optim_state'])
        return model, optimizer, epoch, loss
```

我们允许每个进程使用与 checkpointing()函数相同的路径命名规则（即 path = f"model{rank}.pt"）加载自己保存的模型。

然后，我们通过已经加载的检查点逐一加载轮次数、损失、模型权重和优化器。

请注意，在 DistributedDataParallel()设置中，模型将使用 DDP()进行包装，它将模型保持为 PyTorch module。

为了成功加载模型参数，我们需要在 PyTorch module 中定义我们的模型，方法是将其包装为 torch.nn.DataParallel(MyNet(), device_ids=[rank%machines])。

请注意，我们还需要将已经加载的模型分配到正确的 device_id 中，此处 device_id 计算为 rank%machines。

在为多进程检查点定义保存和加载函数之后，可以先将它们插入到训练函数中，然后可以启动一个多进程数据并行训练作业，终端输出如下所示。

在主机上，将打印以下内容：

```
...
batch 58 training :: loss 0.5455576777458191
batch 58 training :: loss 0.7072545886039734
batch 58 training :: loss 0.953201174736023
batch 58 training :: loss 0.512895941734314
Checkpointing model 2 done.
Training Done!
```

```
Load checkpoint 2
Checkpointing model 1 done.
Training Done!
Load checkpoint 1
Checkpointing model 0 done.
Checkpointing model 3 done.
Training Done!
Load checkpoint 0
Training Done!
Load checkpoint 3
Checkpoint loading done!
Checkpoint loading done!
Checkpoint loading done!
Checkpoint loading done!
```

在包含其他 4 个 GPU 工作节点的机器中，将同步输出如下类似结果：

```
...
batch 58 training :: loss 0.7266647815704346
batch 58 training :: loss 0.5634446144104004
batch 58 training :: loss 0.5879226922988892
batch 58 training :: loss 0.5659951567649841
Checkpointing model 6 done.
Training Done!
Load checkpoint 6
Checkpointing model 7 done.
Training Done!
Load checkpoint 7
Checkpointing model 5 done.
Training Done!
Load checkpoint 5
Checkpoint loading done!
Checkpoint loading done!
Checkpoint loading done!
Checkpointing model 4 done.
Training Done!
Load checkpoint 4
Checkpoint loading done!
```

可以看到，主机将保存和加载模型 0～3，其他 4 个 GPU 工作节点将保存和加载模型 4～7。这告诉我们，所有并行保存的检查点都可以使用全局排名数字相互进行区分。

上述输出表明，我们可以在多进程设置中成功保存和加载模型检查点。

添加这个检查点功能保证了我们可以在分布式训练环境中实现容错。

3.5　模型评估和超参数调优

在执行完数据并行模型训练的每个轮次之后，需要评估训练进度是否良好。可以使用这些评估结果进行超参数调优，如每个 GPU 的学习率和批次大小。

请注意，超参数调优的验证集来自训练集，而不是测试集，因此可以按 5∶1 的比例拆分总训练数据。即总训练数据的 5/6 用于模型训练，而总训练数据的 1/6 用于模型验证。这可以按如下方式实现：

```python
train_all_set = datasets.MNIST('./mnist_data',
    download=True, train=True,
        transform = transforms.Compose([
    transforms.ToTensor(),
        transforms.Normalize((0.1307,),
        (0.3081,))]))
train_set, val_set = torch.utils.data.random_split(
        train_all_set,
            [50000, 10000])
```

在这里，我们将整个训练集定义为 train_all_set。

然后，我们通过 torch.utils.data.random_split()按 5∶1 的比例将整个训练集拆分为 train_set 和 val_set。

在得到 val_set 后，我们还需要定义 validation 函数，其定义如下：

```python
def validation(model, val_set):
    model.eval()
    val_loader = torch.utils.data.DataLoader(val_set,
                batch_size=128)
    correct_total = 0
    with torch.no_grad():
        for idx, (data, target) in enumerate(val_loader):
            output = model(data)
            predict = output.argmax(dim=1,
                        keepdim=True).cuda()
            target = target.cuda()
            correct =\
            predict.eq(target.view_as(predict)).sum().item()
                correct_total += correct
        acc = correct_total/len(val_loader.dataset)
    print(f"Validation Accuracy {acc}")
```

上述代码执行了以下步骤。

（1）使用 model.eval() 标志将该模型转换为评估模式。

（2）torch.no_grad() 函数保证不需要为模型更新生成梯度。

（3）通过对模型权重的验证数据进行前向传递来计算相应的验证准确率。

（4）将这个验证函数插入到训练函数中。在每个轮次的训练之后，都需要测试验证准确率（accuracy），看看模型是否取得了良好的训练进度，并相应地调整超参数。

在多进程训练模式下，可在每个轮次训练后看到以下验证评估结果：

```
...
batch 58 training :: loss 1.040719985961914
batch 58 training :: loss 1.1270662546157837
batch 58 training :: loss 1.5198094844818115
batch 58 training :: loss 1.0102834701538086
Checkpointing model 1 done.
Checkpointing model 2 done.
Checkpointing model 0 done.
Checkpointing model 3 done.
Validation Accuracy 0.671
Training Done!
Load checkpoint 0
Validation Accuracy 0.6754
Training Done!
Load checkpoint 2
Checkpoint loading done!
Checkpoint loading done!
Validation Accuracy 0.6663
Training Done!
Load checkpoint 1
Checkpoint loading done!
Validation Accuracy 0.6698
Training Done!
Load checkpoint 3
Checkpoint loading done!
```

在每次训练迭代后即可得到验证准确率，我们可以使用这些值来为数据并行训练作业进行超参数调优。例如，如果验证准确率增长过慢，则可以考虑将学习率更改为更大的值或扩大每个 GPU 的批次大小。

请注意，如果有海量的计算能力，则可以同时尝试不同的超参数，如图 3.9 所示。

在有大量 GPU 的情况下，可以对不同分组的加速器进行并发超参数调优。

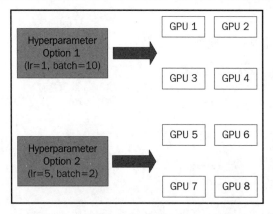

图 3.9　使用大量加速器的并发超参数调优

原　　文	译　　文
Hyperparameter Option	超参数选项

例如，在图 3.9 中，假设有两个超参数选项（选项 1 和选项 2），则可以在 GPU 1～GPU 4 上使用超参数选项 1 运行数据并行训练作业；同时，还可以在 GPU 5～GPU 8 上使用超参数选项 2 运行另一个数据并行训练作业。

经过若干次的训练迭代，基于我们在前面计算的验证准确率，即可使用良好的超参数选项继续进行数据并行训练作业。在这里，"良好"的意思就是它具有更高的验证准确率。

另一方面，我们可以停止使用错误的超参数选项进行数据并行训练作业，并尝试在这组加速器上使用新的超参数设置。

3.6　数据并行中的模型服务

到目前为止，我们已经通过数据并行讨论了整个训练管道，接下来可以看看数据并行服务的实现细节。

首先，我们需要定义测试数据集：

```
test_set = datasets.MNIST('./mnist_data', download=True, train=False,
    transform =
        transforms.Compose([transforms.ToTensor(),
            transforms.Normalize((0.1307,),(0.3081,))]))
```

接下来，我们需要使用之前定义的 load_checkpoint()函数将已经训练好的模型加载到各个 GPU 中。

然后，我们需要定义并行模型测试函数：

```
def test(local_rank, args):
    world_size = args.machines*args.gpus
    rank = args.mid * args.gpus + local_rank
    ...
    torch.cuda.set_device(local_rank)
    ...
    model, optimizer, epoch, loss = load_checkpoint(rank,
            args.machines)
    ...
    local_test_sampler = DDP_sampler(test_set, rank = rank,
num_replicas = world_size)
    ...
    model.eval()
    local_test_loader = torch.utils.data.DataLoader(\
test_set,
        batch_size=128
        shuffle = False,
        sampler = local_test_sampler)
    correct_total = 0
    with torch.no_grad():
    ...
        acc = correct_total/len(local_test_loader.dataset)
        print(f"GPU {rank}, Test Accuracy {acc}")
        print("Test Done!")
        dist.destroy_process_group()
```

在上述并行测试/服务函数中，执行了以下步骤。

（1）每个模型检查点都加载到一个特定的 GPU 中。

（2）样本测试数据被传递到不同的 GPU。

（3）在所有 GPU 之间同时计算测试准确率。

现在我们已经有了并行测试函数定义，可以将它用于具有多 GPU 设置的多机器中的数据并行模型推理。图 3.10 显示了在两台机器上运行的数据并行推理作业，每台机器都有 4 个 GPU。

值得一提的是，检查点加载并不总是以相同的顺序进行。如图 3.10 所示，左侧和右侧机器的模型加载都是以随机顺序完成的。例如，在图 3.10 右侧，模型加载顺序为 6、5、7、4。当然，这种随机顺序加载模型是并发的，不会对并行模型推理工作产生任何影响。

```
Load checkpoint 3              Load checkpoint 6
Load checkpoint 2              Load checkpoint 5
Load checkpoint 1              Load checkpoint 7
Load checkpoint 0              Load checkpoint 4
Checkpoint loading done!      Checkpoint loading done!
Checkpoint loading done!      Checkpoint loading done!
GPU 0, Test Accuracy 0.1198   GPU 5, Test Accuracy 0.119
Test Done!                    Test Done!
GPU 1, Test Accuracy 0.1189   GPU 4, Test Accuracy 0.1202
Test Done!                    Test Done!
Checkpoint loading done!      Checkpoint loading done!
Checkpoint loading done!      Checkpoint loading done!
GPU 2, Test Accuracy 0.1192   GPU 7, Test Accuracy 0.1195
Test Done!                    Test Done!
GPU 3, Test Accuracy 0.1181   GPU 6, Test Accuracy 0.1193
Test Done!                    Test Done!
```

图 3.10　在具有多 GPU 设置的多机器中提供服务的并行模型

3.7　小　　结

本章讨论了如何使用数据并行范式实现模型训练和服务管道。

首先，我们介绍了整个数据并行训练管道并定义了每个步骤中的关键功能。然后，演示了在单机多 GPU 和多机多 GPU 中数据并行训练的实现。我们得出的结论是，这种多进程实现优于具有多线程的单进程。

本章还讨论了将容错功能添加到数据并行训练作业中。之后，还演示了如何进行并行模型评估和超参数调优。

最后，本章演示了如何实现数据并行模型服务。

第 4 章将讨论当前数据并行解决方案中的瓶颈。我们还将提供可以缓解这些瓶颈问题并提高端到端性能的解决方案。

第 4 章　瓶颈和解决方案

在第 3 章"构建数据并行训练和服务管道"中，使用 All-Reduce 范式构建了数据并行训练和服务管道。本章将关注 All-Reduce 范式更广泛的应用问题。

具体而言，本章将讨论当前数据并行训练和服务管道的不足。对于实际的系统瓶颈讨论，我们将做出以下假设。

- ❏ 所有模型训练节点均使用同质加速器。
- ❏ 与 CPU 内存（即主内存）相比，每个加速器的设备内存是有限的。
- ❏ 在多机多 GPU 的情况下，跨机网络带宽明显低于单机内 GPU 之间的通信带宽。
- ❏ 训练作业在机器上独占运行。这意味着在机器的 GPU 上执行模型训练时，CPU 计算核心和 CPU 内存很可能处于空闲状态。
- ❏ 对于单台机器来说，在主机 CPU 和 GPU 之间复制数据比在 GPU 之间传输数据要慢得多。
- ❏ 对于 GPU 等加速器来说，GPU 内存比 GPU 计算核心少。因此，我们可能倾向于用计算资源来换取更小的设备内存占用。

考虑到上述假设，我们将从两个维度讨论数据并行训练的瓶颈，这两个维度是设备内存（on-device memory）和通信网络（communication network）。

首先，本章将讨论数据并行训练过程中的通信瓶颈问题。这种通信瓶颈在跨机的情况下更为明显。

然后，本章将提出用于缓解这些通信瓶颈的最新解决方案。

最后，本章还将分析数据并行训练中的设备内存瓶颈问题，并提供一些经典的解决方案来帮助缓解这种设备内存限制。

本章包含以下主题。

- ❏ 数据并行训练中的通信瓶颈。
- ❏ 利用空闲链路和主机资源。
- ❏ 设备内存瓶颈。
- ❏ 重新计算和量化。

4.1　数据并行训练中的通信瓶颈

在第 2 章 "参数服务器和 All-Reduce" 以及第 3 章 "构建数据并行训练和服务管道" 中均介绍过，在每次训练迭代之后都需要执行一个繁忙的通信步骤，即模型同步（model synchronization）。

本节将对通过网络传输的总流量需求进行理论分析，然后再来看一些广泛使用的通信协议（如 NCCL 和 Gloo）的网络效率。

4.1.1　通信工作负载分析

现在让我们深入研究一下模型同步这个需要繁忙通信的步骤，它需要执行以下两个步骤。

（1）聚合所有工作节点生成的所有梯度。

（2）更新所有工作节点的模型权重。

本节将使用的一些符号如下。

❑　g_i：由单个工作节点生成的局部梯度。

❑　G：全局同步梯度。

❑　W：模型权重的参数数量。

❑　N：工作节点总数。

❑　BW_node：跨机通信带宽。

❑　BW_gpu：单台机器内的成对 GPU 通信带宽。

接下来，让我们深入了解一下参数服务器和 All-Reduce 架构中通信工作负载的详细信息。

4.1.2　参数服务器架构

对于参数服务器架构来说，可以将所有分片参数服务器视为一个整体，这样可以简化分析。因此，我们将只计算参数服务器与所有工作节点之间的通信流量。

如前文步骤（1）所述，需要从所有工作节点聚合梯度，这有一个从工作节点到参数服务器的单向流量，如图 4.1 所示。

这里需要传输的数据总量如下：

$$N * g\_i \quad (i \in 1 \cdots N)$$

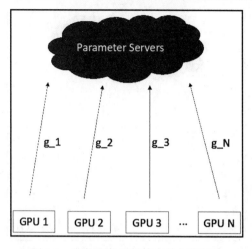

图 4.1　参数服务器架构中的梯度聚合

原　　文	译　　文
Parameter Servers	参数服务器

请注意，所有工作节点都有相同数量的梯度要转移，这意味如下：

$$g\_1 = g\_2 = \cdots = g\_n$$

因此，可以将步骤（1）通信流量的符号简化如下：

$$N * g$$

假设每台机器只有一个 GPU，那么跨机带宽就是 BW_node。假设有 M 个参数服务器用于负载均衡，其中 $M \leqslant N$。

因此，通信步骤（1）中传输数据的总时间（即 t_1）如下：

$$t_1 = \frac{N * g}{M * \text{BW\_node}}$$

通信步骤（1）后，参数服务器会将所有工作节点的所有梯度聚合在一起，公式如下：

$$G = g\_1 + g\_2 + \cdots + g\_n$$

在这个梯度聚合之后，参数服务器将在每个服务器上以本地方式更新模型权重。然后执行通信步骤（2），即更新工作节点上的模型权重。

通信进程的步骤（2）还涉及从参数服务器到所有工作节点的单向网络流量，如图 4.2 所示。

可以看到，所有工作节点将同时从参数服务器中提取模型权重。每个工作节点需要拉取的数据流量等于 W，也就是模型中权重的总数。

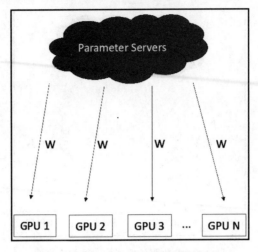

图 4.2　参数服务器架构中的模型更新

原　　文	译　　文
Parameter Servers	参数服务器

因此，步骤（2）的总数据流量如下：

$$N * W$$

　　一般来说，权重的数据大小（即 W）和梯度的数据大小（如 g_i）是相似的。当然，权重的总量通常略大于梯度的总数，因为某些模型层在反向传播期间不会产生梯度。

　　这里也可以做出与通信步骤（1）类似的假设：假设有 M 个参数服务器（$M \leqslant N$）并且每个工作节点都有一个 GPU。因此，步骤（2）传输数据的总时间（即 t_2）如下：

$$t_2 = \frac{N * W}{M * \mathrm{BW\_node}}$$

综上所述，参数服务器架构中完成模型同步的总时间如下：

$$t\_ps = t_1 + t_2$$

ⓘ 注意：要记住的关键点

参数服务器架构中模型同步的耗时如下。

步骤（1）涉及聚合梯度的时间（t_1）：

$$t_1 = \frac{N * g}{M * \mathrm{BW\_node}}$$

步骤（2）涉及更新模型的时间（t_2）：

$$t_2 = \frac{N * W}{M * \text{BW\_node}}$$

因此，模型同步的总时间如下：

$$t\_ps = t_1 + t_2$$

请注意，这里 t_1 和 t_2 不能重叠，也就是说，所有的 GPU 都需要等待 $t_1 + t_2$ 的时间；模型同步时间不能缩减到小于 $t_1 + t_2$。

这个模型同步开销将被添加到每个训练迭代中。根据最新研究文献的报告，如果扩展到超过 50 个 GPU，则模型同步的时间成本可能高达端到端深度神经网络（deep neural network，DNN）训练时间的 50%。

因此，这种通信开销是巨大的，并会使 GPU 计算核心空闲 50%的总训练时间。

4.1.3 All-Reduce 架构

现在让我们讨论一下 All-Reduce 架构中的通信开销。在 All-Reduce 架构中，所有节点都是工作节点。梯度同步发生在所有工作节点之间。

本小节将讨论 Ring All-Reduce 协议（在第 2 章"参数服务器和 All-Reduce"中提供了有关该协议的更多信息）。此外，为了简化用例，我们将讨论限制在单机多 GPU 的情况，它和多机单 GPU 的情况是类似的（唯一的区别就是把 BW_gpu 改成 BW_node），并且还可以轻松扩展到多机多 GPU 的情况。

让我们看一个简单的示例。如图 4.3 所示，有 3 个 GPU 以环形拓扑（ring topology）连接。每条链路的双向通信带宽为 BW_gpu。

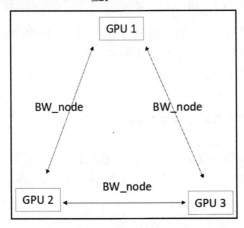

图 4.3 简单 All-Reduce 架构中的网络拓扑

All-Reduce 架构需要以下两个步骤的通信来完成模型同步。

（1）在根节点上进行归约，并将聚合梯度返回到根节点。

（2）广播聚合梯度。

让我们来逐一讨论这些通信步骤。

对于步骤（1）来说，给定 N 个工作节点，我们需要转发 g_i 大小的数据 N 次。与前面的参数服务器分析类似，我们也可以做以下假设：

$$g\_1 = g\_2 = \cdots = g\_n$$

这意味着可以将所有 g_i 大小的数据抽象为 g。

接下来，让我们看看步骤（1）中的归约操作，如图 4.4 所示。

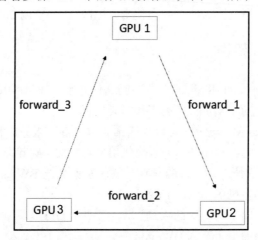

图 4.4　All-Reduce 架构中步骤（1）的归约操作

如图 4.4 所示，在 3 个 GPU 的示例中，步骤（1）的归约工作原理如下。

① GPU 1 将其本地梯度 g_1 发送到 GPU 2（forward_1）。

② GPU 2 将其本地梯度 g_2 与 GPU 1 的 g_1 聚合，然后将 $g\_1 + g\_2$ 发送到 GPU 3（forward_2）。

③ GPU 3 将其本地梯度 g_3 与 $g\_1 + g\_2$ 聚合，然后将 $g\_1 + g\_2 + g\_3$ 发送到 GPU 1（forward_3）。

对于 N 个 GPU 的用例来说，它仍然需要遵循上述工作流程作为步骤（1）的归约过程。因此，给定 N 个 GPU，我们需要进行 N 次转发（forwarding）。这 N 次转发的时间如下：

$$t_1 = \frac{N * g}{BW\_gpu}$$

下面以简单的三 GPU 设置格式来讨论步骤（2）中的广播通信，如图 4.5 所示。

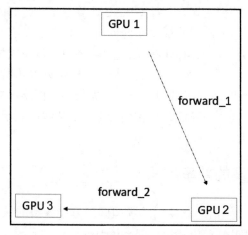

图 4.5　All-Reduce 架构中步骤（2）的广播通信操作

该广播的工作原理如下。

① GPU 1 将 $g\_1 + g\_2 + g\_3$ 转发到 GPU 2（forward_1）。

② GPU 2 将 $g\_1 + g\_2 + g\_3$ 转发到 GPU 3（forward_2）。

因此，对于广播的步骤（2），给定 N 个 GPU，我们需要对聚合梯度进行 N-1 次转发。这 N-1 次转发的时间如下：

$$t_2 = \frac{(N-1) * g}{\text{BW\_gpu}}$$

综上所述，在 All-Reduce 架构中，N 个节点之间模型同步的总时间如下：

$$t\_ar = t_1 + t_2$$

ℹ 注意：要记住的关键点

All-Reduce 架构中模型同步的耗时如下。

步骤（1）涉及聚合梯度的时间（t_1）：

$$t_1 = \frac{N * g}{\text{BW\_gpu}}$$

步骤（2）涉及更新模型的时间（t_2）：

$$t_2 = \frac{(N-1) * g}{\text{BW\_gpu}}$$

因此，模型同步的总时间如下：

$$t\_ar = t_1 + t_2$$

让我们研究一下 All-Reduce 架构中两个步骤的时间消耗。请注意，在步骤（1）的归约过程中，每个 GPU 上的梯度聚合（如 GPU 2 计算 $g\_1 + g\_2$）也需要时间。不过，由于 GPU 具有巨大的计算能力，因此梯度聚合的时间通常可以忽略不计。

与参数服务器架构类似，All-Reduce 范式中的模型同步也发生在每次训练迭代之后，而且也引入了巨大的通信开销。最新的文献报告了与参数服务器架构类似的模型同步开销，高达端到端深度神经网络训练时间的 50%。如果由于网络拥塞，多个 GPU/节点共享相同的物理链路（例如，多个 GPU 共享相同的 PCI-e 总线以用于机器内的模型同步），则这种开销可能会被放大。

4.1.4　最新通信方案的效率问题

现在让我们来看看一些由广泛使用的模型同步方案导致的效率低下问题，这些通信方案如 NVIDIA 的 NVIDIA Collective Communication Library（NCCL）和 Facebook 的 Gloo。最流行的解决方案是 NCCL，它是 PyTorch 中的默认通信方案。因此，我们将主要讨论 NCCL 协议中的低效率问题，即 Ring All-Reduce。

让我们把前面讨论的三 GPU 的例子扩展得稍微复杂一点。假设有 4 个完全连接的 GPU，这在 NVIDIA DGX-1 和 Google TPU 等最先进的硬件中非常常见。此四 GPU 设置的网络拓扑如图 4.6 所示。

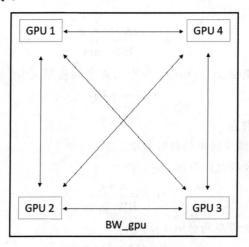

图 4.6　GPU 全连接拓扑

如图 4.6 所示，全连接意味着每个 GPU 与其他每个 GPU 之间都有独立的直接链路。例如，GPU 1 具有 3 个链路，每个链路独立地将 GPU 1 连接到 GPU 2、GPU 3 和 GPU 4。

在这个四 GPU 全连接的设置中，如果采用 Ring All-Reduce 方案（见图 4.7），那么只会使用边线上的链路（蓝色链路），而中间的交叉链路（红色链路）则未使用。

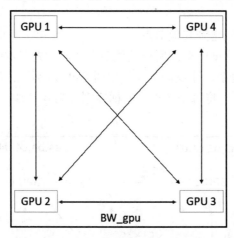

图 4.7 Ring All-Reduce 未充分利用中间的两个红色链路

中间的两条交叉链路未使用的原因是这两条红色链路无法形成新的环形拓扑。Ring All-Reduce 的主要假设是首先将网络拓扑形成环。如果某些链路不能形成环，则 Ring All-Reduce 会直接放弃它们。

对于通信链路等稀缺资源，这种无环则不用（no-ring-no-use）的策略是非常低效的。这使得模型的同步性能较差，因为它直接浪费了一些通信链路带宽。

接下来，我们将讨论实现更高链路利用率的技术。

4.2 利用空闲链路和主机资源

在上一节中，我们讨论了模型同步的通信瓶颈如何导致占用了高达 50%的端到端深度神经网络训练时间。此外，广泛使用的 NCCL Ring All-Reduce 则会直接放弃一些稀缺的通信链路，原因是它们不能形成环。

本节将讨论如何充分利用数据并行训练环境中的所有通信链路，然后再讨论如何将其扩展到使用主机（即 CPU）端的空闲链路。

4.2.1 Tree All-Reduce

让我们继续使用之前的四 GPU 全连接示例。如图 4.7 所示，中间的两个链路是未使用的，这是对稀缺通信资源的浪费。

现在让我们来看一个新的 All-Reduce 协议，称为 Tree All-Reduce。它也分为如下两个步骤工作。

（1）将一部分梯度发送到其他节点。

（2）在将聚合后的梯度广播到所有其他节点之前，先在本地聚合接收到的梯度。

这听起来可能有点复杂，让我们继续使用四 GPU 示例进行说明。

如图 4.8 所示，首先，将每个节点上的梯度划分为 4 个块，即 a_i、b_i、c_i、d_i，其中 i 的范围为 1～4。

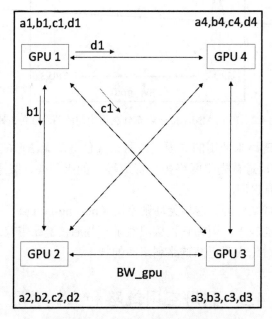

图 4.8 全连接设置 Tree All-Reduce 中的通信步骤（1）

在 Tree All-Reduce 的步骤（1）中，以下 4 件事同时发生。

❑ GPU 1 将 b1 发送到 GPU 2，将 c1 发送到 GPU 3，并将 d1 发送到 GPU 4。

❑ GPU 2 将 a2 发送到 GPU 1，将 c2 发送到 GPU 3，并将 d2 发送到 GPU 4。

❑ GPU 3 将 a3 发送到 GPU 1，将 b3 发送到 GPU 2，并将 d3 发送到 GPU 4。

❑ GPU 4 将 a4 发送到 GPU 1，将 b4 发送到 GPU 2，并将 c4 发送到 GPU 3。

为了使图 4.8 不那么复杂，我们只突出显示了从 GPU 1 发送到所有其他 GPU 的数据。在实践中，其实是 4 个 GPU 同时向相应的 GPU 发送单独的数据块。

首先，经过通信步骤（1）后，各 GPU 上的数据如下所示。

❑　GPU 1：a1～4、b1、c1、d1

❑　GPU 2：a2、b1～4、c2、d2

❑　GPU 3：a3、b3、c1～4、d3

❑　GPU 4：a4、b4、c4、d1～4

然后，每个 GPU 都会做部分梯度聚合。

❑　GPU 1：A = a1+a2+a3+a4

❑　GPU 2：B = b1+b2+b3+b4

❑　GPU 3：C = c1+c2+c3+c4

❑　GPU 4：D = d1+d2+d3+d4

在这个数据聚合完成后，每个 GPU 都会将其聚合的梯度广播到所有其他 GPU，如图 4.9 所示。

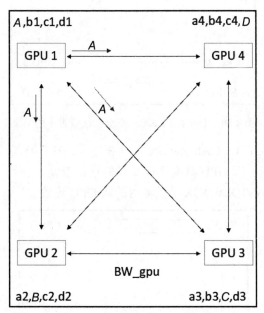

图 4.9　全连接设置 Tree All-Reduce 中的通信步骤（2）

如图 4.9 所示，通信步骤（2）同时进行以下数据传输。

❑　GPU 1：将 A 广播到 GPU 2、GPU 3、GPU 4

❑　GPU 2：将 B 广播到 GPU 1、GPU 3、GPU 4

❑　GPU 3：将 C 广播到 GPU 1、GPU 2、GPU 4

❑　GPU 4：将 D 广播到 GPU 1、GPU 2、GPU 3

通信步骤（2）执行后，模型同步完成，每个 GPU 都获取了 A、B、C、D 的所有聚合梯度，如图 4.10 所示。

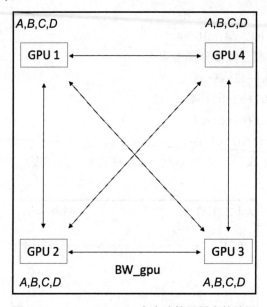

图 4.10　Tree All-Reduce 在全连接设置中的结果

在这里，我们讨论了 Tree All-Reduce 如何在完全连接的环境中工作。接下来，让我们看看另一个实际情形，即 GPU 具有不同数量的通信链路。

如图 4.11 所示为 NVIDIA DGX-1 机器内的四 GPU 设置。

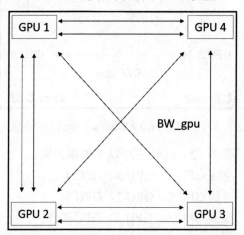

图 4.11　DGX-1 机器内 4 个 GPU 之间的网络拓扑

如图 4.11 所示，不同的 GPU 与其他 GPU 连接的链路数量不同。例如，GPU 1 总共有 5 个链路，而 GPU 4 则总共有 4 个链路。我们假设每个链路具有的带宽都是相同的，即 BW_gpu。

在这种非对称网络拓扑设置中，Ring All-Reduce 所做的是创建两个环，在图 4.12 中分别表示为蓝色环和黄色环（在黑白印刷的图书上，黄色环的颜色较浅）。然后，Ring All-Reduce 将每个 GPU 的梯度分成两半。它们同时在一个环上传递梯度的前半部分，在另一个环上传递梯度的后半部分。

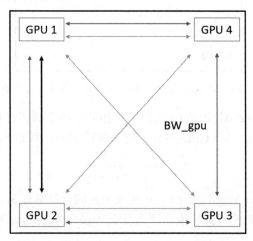

图 4.12 Ring All-Reduce 通过蓝色环和黄色环传递梯度（红色链路未使用）

更具体地说，它的工作原理如下。

❑ 梯度的前半部分通过以下环传递：GPU 1 ↔ GPU 2 ↔ GPU 3 ↔ GPU 4 ↔ GPU 1（蓝色环）。

❑ 梯度的后半部分通过以下环传递：GPU 1 ↔ GPU 4 ↔ GPU 2 ↔ GPU 3 ↔ GPU 1（黄色环）。

但是，如图 4.12 所示，有一个链路仍未使用，这由红色（较粗）箭头线表示。这也表明基于环的解决方案经常未充分利用硬件链路。对于每一个 GPU 来说，完成一轮数据转发需要 t_ring 时间，其中 t_ring 定义如下：

$$t\_ring = \frac{g}{2 * BW\_gpu}$$

上述定义公式的分母中有数字 2 的原因是我们有两个环用于并发数据传输过程。

相反，Tree All-Reduce 则可以充分利用这种四 GPU 设置中的所有链路，如图 4.13 所示。

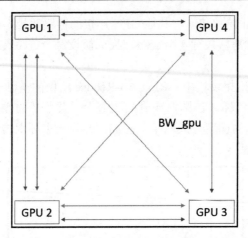

图 4.13   Tree All-Reduce 在 3 棵树上传递梯度（没有浪费链路）

如图 4.13 所示，Tree All-Reduce 在此网络拓扑中将 3 棵树打包在一起。由于有 3 个并发数据传输通道，因此每个 GPU 完成一轮数据转发的时间如下：

$$t\_tree = \frac{g}{3 * BW\_gpu}$$

在这里，t_ring 小于 t_ring，因为 t_tree 定义公式的分母中有 3，而 t_ring 定义公式的分母中使用的是 2。这个简单的比较说明了为什么 Tree All-Reduce 可以比 Ring All-Reduce 更快地实现模型同步。

与我们在图 4.8～图 4.10 中讨论的基于树的解决方案相比，该 Tree All-Reduce 与之前的全连接设置略有不同。从更高层次上看，它仍然分为如下两个步骤工作。

（1）我们必须选择一个根节点，以归约其他根节点传递过来的梯度。

（2）聚合所有梯度后，根节点以与步骤（1）相反的方向广播其聚合梯度。

让我们来看一棵树，它由图 4.13 中的黄色链路（颜色最浅的链路）表示。由于这里有 3 棵树，因此每棵树负责总梯度通信的 1/3。我们选择 GPU 1 作为根节点。其工作原理如下。

步骤（1）归约操作如下。

① GPU 4 将其 1/3 g_4 发送到 GPU 2。

② GPU 2 将梯度的 1/3 聚合为 1/3（$g\_2 + g\_4$），然后将它传递给 GPU 3。

③ GPU 3 将梯度的 1/3 聚合为 1/3（$g\_2 + g\_3 + g\_4$），然后将它传递给 GPU 1。

④ GPU 1 将所有 1/3 总梯度（$g\_1 + g\_2 + g\_3 + g\_4$）聚合为 1/3G。

步骤（2）广播操作如下。

① GPU 1 向 GPU 3 发送 1/3G。

② GPU 3 转发 1/3G 到 GPU 2。

③ GPU 2 转发 1/3G 到 GPU 4。

经过这两个步骤，黄色链路上的 Tree All-Reduce 就完成了。其他两棵树的工作方式类似，但在不同的根节点上。

ℹ️ **注意：要记住的关键点**

以下两点解释了 Tree All-Reduce 如何优于 Ring All-Reduce。

① 给定任意网络拓扑，基于树的解决方案可以创建比基于环的解决方案更多的并发数据传输通道。因此，基于树的解决方案更快。

② 基于树的解决方案比基于环的解决方案可以利用更多的链路。因此，基于树的解决方案更有效。

4.2.2 通过 PCIe 和 NVLink 进行混合数据传输

到目前为止，我们仅讨论了使用同构链路进行模型同步。在这里，同构链路（homogenous link）是指具有相同网络带宽的链路。实际上，我们往往会有多种包含不同网络带宽的链路，它们被称为异构网络环境（heterogeneous network environment）。

这种环境的一个简单示例是 NVIDIA DGX-1 机器。在 GPU 中，我们有如下两种不同类型的互连。

❑ PCIe 总线：共享链路，带宽为 10 GB/s。

❑ NVLink：GPU 专有，带宽为 20～25 GB/s。

在四 GPU 设置中，NVlink 拓扑如图 4.11 所示，而 PCIe 网络拓扑则如图 4.14 所示。

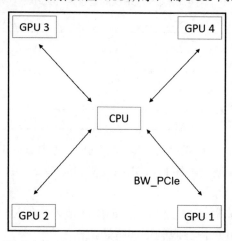

图 4.14 四 GPU 设置中的简化 PCIe 拓扑

为简单起见，图 4.14 忽略了 GPU 和 CPU 之间的 PCIe 开关和 I/O 中心。从更高层次上看，PCIe 层次结构自然形成树形结构，因此，可以直接在 PCIe 总线上应用 Tree All-Reduce。这意味着可以使用主机空闲通信链路进行并发模型同步。

在这个四 GPU 设置中，除了我们在图 4.13 中创建的 3 棵 NVLink 树，还可以使用 PCIe 总线为 All-Reduce 创建第四棵树。但是，由于它们具有不同的网络带宽，因此需要平衡 NVLink 和 PCIe 之间的数据传输，以便它们可以大致同时完成通信。

为了简化这个负载均衡问题，假设我们有两棵树，即一棵 PCIe 树和一棵 NVLink 树。则可以按以下方式进行网络负载均衡。

❑ 计算带宽比：$R = BW\_NVLink / BW\_PCIe$。

❑ 将总数据分成 $1+R$ 个块。

❑ 通过 PCIe 和 NVLink 同时传输数据。PCIe 上的数据大小应该是总数据的 $1/(1+R)$，而 NVLink 上的数据大小应该是总数据的 $R/(1+R)$。

通过执行上述 3 个步骤，即可通过一起使用异构硬件链路来启用模型同步。

接下来，我们将讨论另一个受限于设备内存的数据并行训练瓶颈。

4.3 设备内存瓶颈

如今 CPU 内存大小通常以数十或数百 GB 计。与如此庞大的主机内存相比，GPU 内存的大小通常非常有限。表 4.1 显示了常用的 GPU 内存大小。

表 4.1   不同 GPU 的设备内存大小

GPU 类型	设备内存大小/GB
NVIDIA 1080	8
NVIDIA RTX 2080	8
NVIDIA K80	12
NVIDIA V100	16
NVIDIA A100	40

从表 4.1 中可以看到，即使是使用 NVIDIA A100 之类最高端的 GPU，内存大小也只有 40 GB。更流行的 GPU 选择，如 NVIDIA RTX 2080 或 NVIDIA K80，只有大约 10 GB 的 GPU 内存大小。

在进行深度神经网络训练时，那些生成的中间结果（如特征图）通常比原始输入数据大几个数量级，这使 GPU 内存限制更加明显。

减少加速器上的内存占用主要有两种方法：重新计算和量化。下面将详细论述。

4.4　重新计算和量化

为了减少深度神经网络（DNN）训练期间的内存占用，有两种主要的方法——重新计算（recomputation）和量化（quantization）。

重新计算是指如果某些张量在一段时间内没有使用，则可以删除这些张量，然后在以后需要时重新计算结果。

从更高层次上来说，量化意味着使用更少的物理位来表示单个值。例如，如果一个普通的整数值消耗 4 个字节，那么通过对这个整数值进行量化，则可以使用两个字节甚至更少的位来表示相同的值。量化是有损优化（lossy optimization），这意味着它可能会在缩小位以表示权重/梯度的同时丢失一些信息。

这两种方法的比较如表 4.2 所示。

表 4.2　两种减少内存占用的方法的比较

比 较 类 目	重 新 计 算	量 　 化
有损/无损	无损	有损
减少内存占用	是	是
计算开销	中	低

重新计算将在需要时执行，以重现先前的结果。因此，这是一个无损计算过程。如前文所述，大多数量化方法都是有损方法。

重新计算和量化都可以减少设备内存占用。

此外，与重新计算相比，量化中的计算开销通常要小得多。这主要是因为量化不需要经过深度神经网络层的计算，后者的计算量很大。

接下来，我们将介绍重新计算中常用的技术，然后再讨论流行的量化方案。

4.4.1　重新计算

假设我们有一个三层的深度神经网络，如图 4.15 所示。

从图 4.15 中可以看到，我们有一个三层深度神经网络（第 1、2 和 3 层）。因此，在前向传播期间，会将训练数据传递给深度神经网络。它将计算预测值。然后，我们将计算预测值和目标值之间的差异，也就是损失。

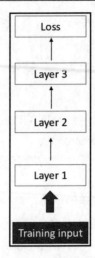

图 4.15　用于重新计算的简单三层 DNN

原　　文	译　　文	原　　文	译　　文
Training input	训练输入	Loss	损失
Layer	层		

　　如图 4.16 所示，我们需要保留前向传播过程中的中间结果。左侧显示的 Activation（激活）框用于前向传播。例如，Activation 1 是在第 1 层上前向传播训练输入时的中间结果。

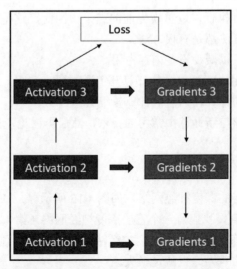

图 4.16　一次训练迭代的前向和反向传播

原　　文	译　　文	原　　文	译　　文
Activation	激活	Gradients	梯度
Loss	损失		

　　反向传播标记为 Gradients（梯度），显示在图 4.16 的右侧。在计算了当前训练批次的损失之后，必须计算神经元网络最后一层的梯度（即图 4.16 中的 Gradients 3）。要计算 Gradients 3，需要损失函数的输出和之前存储的激活值（即图 4.16 中的 Activation 3）。

　　在计算完 Gradients 3 之后，可以释放存储 Activation 3 的内存。同样，要计算 Gradients 2，需要 Activation 2 和 Gradients 3 的输出。在生成 Gradients 2 之后，可以释放存储 Activation 2 的内存，从此类推。

　　根据上述分析，可以看到，直至计算 Gradients 1 时才使用 Activation 1，这是反向传播的最后一步。有了这种认识，那么对于 Activation 1，重新计算方法的工作原理如下。

　　（1）生成 Activation 1 的输出后，可以简单地删除它并释放内存。

　　（2）在生成 Gradient 2 的反向传播过程中，可以重新计算一次 Activation 1 并将其存储在内存中。

　　（3）同时使用 Activation 1 和 Gradients 2 的输出来计算 Gradients 1。

　　让我们使用上述三层深度神经网络示例来完成前面的 3 个步骤。如图 4.17 所示，默认情况下，A1（即 Activation 1）会在 GPU 显存中停留很长时间。A3（即 Activation 3）停留的时间最短，它是最有效的内存使用情形。A2（即 Activation 2）的内存使用持续时间则处于 A1 和 A3 之间。

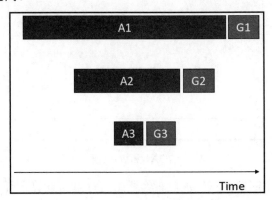

图 4.17　激活和梯度的内存使用持续时间

原　　文	译　　文
Time	时间

　　现在，我们想要释放用于存储 A1 的内存。如图 4.18 所示，在生成 A1 的输出并开始计算 A2 后，即释放用于存储 A1 的内存。

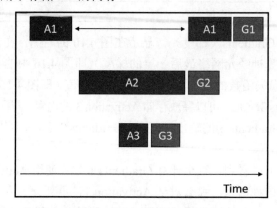

图 4.18　对 A1 进行重新计算

　　在反向传播过程中，当我们生成 G2（即 Gradients 2）时，同时使用第 1 层和输入数据批次重新计算 A1。然后，使用重新计算的 A1 和 G2 值来生成 G1（即 Gradients 1）。

　　通过对 A1 进行重新计算，即可节省 A1 在图 4.18 中双箭头线所示的内存占用时间。类似的事情也可以应用于 A2，如图 4.19 所示。

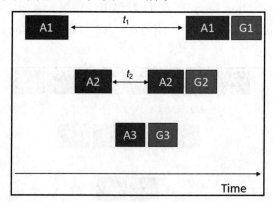

图 4.19　在 A1 和 A2 上重新计算

　　因此，通过对这个简单的三层深度神经网络进行重新计算，可节省的 GPU 内存占用量如下。

　　❑　A1 的节省量就是图 4.19 中的 t_1 时间量。

　　❑　A2 的节省量就是图 4.19 中的 t_2 时间量。

　　请注意，我们的示例只是一个非常浅的神经网络（它只有三层），因此，如果我们有非常深的神经网络（如具有数百层的深度神经网络），则性能提升会更加明显。

到目前为止，我们已经讨论了如何利用重新计算方法来减少深度神经网络训练期间的内存占用。这里介绍的开销是计算资源。基本上，对于神经网络的每一层，我们可能需要在每次训练迭代中重新计算其激活两次（而不是一次）。

ⓘ 注意：要记住的关键点

以下是关于重新计算的重要说明。

① 优势：减少设备内存占用。

② 缺点：增加计算开销（需计算约 2 倍的前向传播）。

接下来，我们将讨论另一种减少内存占用的方法，它不会像重新计算那样引入那么多的计算开销。

4.4.2 量化

量化是减少加速器内存消耗的另一种常用方法。其基本思想非常简单，即使用更少的位来表示相同的值。

现在，整数的标准表示需要 4 个字节（32 位）。但是，如图 4.20 所示，如果你只有 0 或 3 的整数值，则可以只用 1 位来表示。如图 4.20 的顶部所示，0 表示 0，1 表示 3。

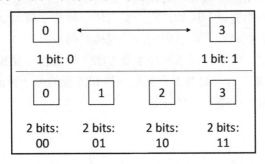

图 4.20 表示 0～3 值的简单量化方法

如果我们有 0～3 的 4 个离散值（即 0、1、2 和 3），则需要使用 2 位来表示这 4 个值中的每一个。如图 4.20 的底部所示，00 表示 0，01 表示 1，10 表示 2，11 表示 3。

用于模型张量量化的流行库是来自 NVIDIA 的自动混合精度（automatic mixed precision，AMP）。要使用它，则必须简单地用它们提供的函数包装你的优化器。

以 TensorFlow 为例，可使用以下代码更改优化器：

```
optimizer = tf.keras.optimizers.SGD()
```

```
opt = tf.train.experimental.enable_mixed_precision_graph_rewrite(optimizer)
```

通过在优化器上添加 mixed_precision 包装函数，NVIDIA 将自动对深度神经网络张量执行量化。

从高层次上来看，NVIDIA AMP 所做的是使用半精度数据格式（FP16）来表示单精度值（TF32）。

值得一提的是，FP16 并不是用来表示所有 TF32 值的。根据值的规模和粒度，NVIDIA 将自动确定是保持 TF32 格式的值还是将其缩小为 FP16 格式。

量化方法的缺点如下：它是一种有损数据变换方法，这意味着它会从原始值中丢失一些信息。例如，使用了量化方法之后，可能将 1 和 1.01 都视为 1。因此，对于 1.01 而言，就丢失了 0.01 的信息。

在大多数情况下，执行量化不会导致模型无法收敛的严重问题。但是，据报道，与使用全精度值表示相比，量化可能会导致深度神经网络模型训练收敛到更差的局部最小值。

4.5 小   结

本章讨论了数据并行训练过程中的两个主要瓶颈——通信和设备内存。

通信很可能成为模型同步过程中的瓶颈。更糟糕的是，Ring All-Reduce 方案还浪费了一些无法形成环的网络链路。因此，我们提出了一种基于树的 All-Reduce 解决方案，它比基于环的解决方案更高效，可以更快地实现模型同步。

为了缓解内存问题，本章讨论了两种主要方法——重新计算和量化。

第 5 章将探讨模型并行，这是并行模型训练和推理的另一种流行范式。模型并行不是拆分输入数据，而是对模型本身进行分区。

第 2 篇

模 型 并 行

本篇将介绍普通模型并行和管道并行。你还将实现模型并行训练和推理管道,并学习一些深入的优化方案。

本篇包括以下章节。

❑ 第 5 章,拆分模型。

❑ 第 6 章,管道输入和层拆分。

❑ 第 7 章,实现模型并行训练和服务工作流程。

❑ 第 8 章,实现更高的吞吐量和更低的延迟。

第5章 拆 分 模 型

本章将讨论如何通过模型并行（model parallelism）训练巨型模型。所谓巨型模型（giant model），是指那些因太大而无法装入单个 GPU 内存的模型。巨型模型的一些示例包括 Bidirectional Encoder Representations from Transformers（BERT）、Generative Pre-Trainer Transformer（GPT）（如 GPT-2 和 GPT-3）。

与数据并行工作负载相比，语言模型通常采用模型并行。语言模型是一种特定类型的深度学习模型，适用于自然语言处理（natural language processing，NLP）领域。在这里，输入数据通常是文本序列。该模型可以输出诸如"问答"和"下一句预测"等任务的预测。

NLP 模型训练通常分为两种不同的类型：预训练（pre-training）和微调（fine-tuning）。

预训练意味着从头开始训练整个巨型模型，这可能需要大量的数据和训练轮次。微调使用预训练的模型作为基础模型，然后可以在一些特定的下游任务上微调基础模型。因此，微调通常比预训练花费更少的时间来训练。此外，与预训练数据集相比，微调数据集也要小得多。

本章的一般假设如下。

❑ 对于每个 NLP 训练作业，我们通常关注微调过程而不是预训练过程。

❑ 对于微调过程，我们使用比预训练过程中使用的训练数据小得多的训练数据集。

❑ 假设每个作业只在一组 GPU 或其他加速器上运行。

❑ 假设一个模型有足够的层可以跨多个 GPU 拆分。

❑ 假设总是有一个可用于微调的预训练模型。

首先，本章将指出巨型模型的单节点训练可能导致的加速器上的内存不足错误，以此来解释为什么模型并行很重要。

其次，本章将简要讨论若干个具有代表性的 NLP 模型，因为如果人们从未尝试过模型并行训练，则可能对这些巨型模型不熟悉。

再次，本章将讨论使用预训练的巨型模型的两个单独的训练阶段。

最后，本章还将探索如何使用一些最先进的硬件来训练这些巨型模型。

本章包含以下主题。

❑ 单节点训练错误——内存不足。

❑ ELMo、BERT 和 GPT。

❑ 预训练和微调。

❑ 最先进的硬件。

5.1　技　术　要　求

本章将使用斯坦福问答数据集（Stanford Question Answering Dataset，SQuAD）新版本 SQuAD 2.0 作为示例数据集，并使用 PyTorch 进行演示。

本章代码的主要库依赖如下。

- ❑　torch >= 1.7.1。
- ❑　transformers >= 4.10.3。
- ❑　cuda >= 11.0。
- ❑　NVIDIA 驱动程序 >= 450.119.03。

必须预先安装上述库及其正确版本。

ⓘ 注意：数据集引用

SQuAD: 100,000+ Questions for Machine Comprehension of Text, Pranav Rajpurkar, Jian Zhang, Konstantin Lopyrev, and Percy Liang, arXiv preprint arXiv:1606.05250 (2016): https://rajpurkar.github.io/SQuAD-explorer/.

5.2　单节点训练错误——内存不足

诸如 BERT 之类的巨型 NLP 模型通常很难使用单个 GPU（即单节点）进行训练，主要原因是设备内存大小有限。

在这里，我们将首先使用单个 GPU 微调 BERT 模型。我们将使用的数据集是 SQuAD 2.0。由于巨型模型大小和巨大的中间结果大小，它经常抛出内存不足（out-of-memory，OOM）错误。

其次，我们将使用最先进的 GPU，并尽最大努力将相对较小的基于 BERT 的模型打包到单个 GPU 中。然后，仔细调整批次大小，以避免出现 OOM 错误。

5.2.1　在单个 GPU 上微调 BERT

我们需要做的第一件事是在机器上安装 transformers 库。在这里，我们将使用 Hugging Face 提供的 transformers 库。使用 PyTorch 在 Ubuntu 机器上安装 transformers 库的命令如下：

```
$ pip install transformers
```

请仔细检查以确保你安装了正确的 transformers 版本（4.10.3 及其以上版本），如

图 5.1 所示。

```
Python 3.7.10 | packaged by conda-forge | (default, Feb 19 2021, 16:07:37)
[GCC 9.3.0] on linux
Type "help", "copyright", "credits" or "license" for more information.
>>> import transformers
>>> print(transformers.__version__)
4.10.3
>>>
```

图 5.1　检查 transformers 版本

　　然后，可以开始使用预训练模型进行微调任务。

　　下文将会说明如何实现该训练过程，但是目前，假设我们已经成功启动了训练作业，它会打印出如图 5.2 所示的错误消息。

```
Training epoch  1
  0%|                                                              | 0/86136
[00:00<?, ?it/s]Traceback (most recent call last):
  File "bert.py", line 198, in <module>
    end_positions=end_token_idx, return_dict=False)
  File "/home/ubuntu/anaconda3/envs/pytorch_latest_p37/lib/python3.7/site-packages/torch/nn/modules/module.py",
line 889, in _call_impl
    result = self.forward(*input, **kwargs)
  File "/home/ubuntu/anaconda3/envs/pytorch_latest_p37/lib/python3.7/site-packages/transformers/models/bert/mode
ling_bert.py", line 1825, in forward
    return_dict=return_dict,
  File "/home/ubuntu/anaconda3/envs/pytorch_latest_p37/lib/python3.7/site-packages/torch/nn/modules/module.py",
line 889, in _call_impl
    result = self.forward(*input, **kwargs)
  File "/home/ubuntu/anaconda3/envs/pytorch_latest_p37/lib/python3.7/site-packages/transformers/models/bert/mode
ling_bert.py", line 1000, in forward
    return_dict=return_dict,
  File "/home/ubuntu/anaconda3/envs/pytorch_latest_p37/lib/python3.7/site-packages/torch/nn/modules/module.py",
line 889, in _call_impl
    result = self.forward(*input, **kwargs)
  File "/home/ubuntu/anaconda3/envs/pytorch_latest_p37/lib/python3.7/site-packages/transformers/models/bert/mode
ling_bert.py", line 589, in forward
    output_attentions,
  File "/home/ubuntu/anaconda3/envs/pytorch_latest_p37/lib/python3.7/site-packages/torch/nn/modules/module.py",
line 889, in _call_impl
    result = self.forward(*input, **kwargs)
  File "/home/ubuntu/anaconda3/envs/pytorch_latest_p37/lib/python3.7/site-packages/transformers/models/bert/mode
ling_bert.py", line 511, in forward
    self.feed_forward_chunk, self.chunk_size_feed_forward, self.seq_len_dim, attention_output
  File "/home/ubuntu/anaconda3/envs/pytorch_latest_p37/lib/python3.7/site-packages/transformers/modeling_utils.p
y", line 2196, in apply_chunking_to_forward
    return forward_fn(*input_tensors)
  File "/home/ubuntu/anaconda3/envs/pytorch_latest_p37/lib/python3.7/site-packages/transformers/models/bert/mode
ling_bert.py", line 522, in feed_forward_chunk
    intermediate_output = self.intermediate(attention_output)
  File "/home/ubuntu/anaconda3/envs/pytorch_latest_p37/lib/python3.7/site-packages/torch/nn/modules/module.py",
line 889, in _call_impl
    result = self.forward(*input, **kwargs)
  File "/home/ubuntu/anaconda3/envs/pytorch_latest_p37/lib/python3.7/site-packages/transformers/models/bert/mode
ling_bert.py", line 426, in forward
    hidden_states = self.intermediate_act_fn(hidden_states)
  File "/home/ubuntu/anaconda3/envs/pytorch_latest_p37/lib/python3.7/site-packages/torch/nn/functional.py", line
1459, in gelu
    return torch._C._nn.gelu(input)
RuntimeError: CUDA out of memory. Tried to allocate 144.00 MiB (GPU 0; 15.78 GiB total capacity; 14.19 GiB alrea
dy allocated; 102.75 MiB free; 14.25 GiB reserved in total by PyTorch)
  0%|                                                              | 0/86136
[00:04<?, ?it/s]
```

图 5.2　错误消息

上述错误消息表明，训练作业已在 GPU 上运行，但是出现了内存不足的问题。这也表明单个 GPU 不足以容纳一个巨大的模型，并从输入中给出一些中间结果。

ⓘ 注意：单 GPU 训练巨型 NLP 模型

使用单个 GPU 训练一个巨大的 NLP 模型会导致内存不足错误，造成这种情况的主要原因是模型参数太大。因此，输入所产生的中间结果也会非常大。

鉴于出现了这种内存不足的错误，很自然地会考虑拆分模型并将模型分区分散到不同的 GPU 上。这就是我们所说的模型并行。

ⓘ 注意：模型并行

模型并行通过以下两个步骤发挥作用。

（1）将模型权重拆分为不相交的子集。

（2）将每个模型分区分散到单个加速器上。

在深入研究模型并行之前，我们将首先尝试使用最先进的 GPU NVIDIA V100，将相对较小的 BERT 模型打包到单个 GPU 中。下一小节将讨论这样做的利弊。

5.2.2　尝试将一个巨型模型打包到单个 GPU 中

在这里，我们将尝试使用最先进的 GPU，即 NVIDIA V100。如图 5.3 所示，为 V100 GPU 的技术规格。

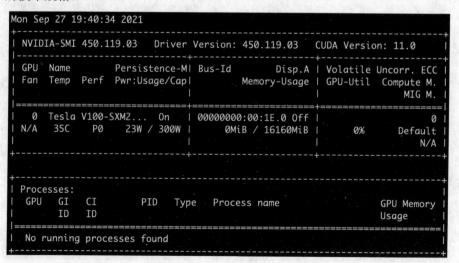

图 5.3　V100 GPU 的技术规格

如图 5.3 所示，V100 GPU 具有 16160 MiB（约 16 GB）的设备内存，峰值功耗可达 300 W。这是具有最大设备内存大小的 GPU 之一。

现在让我们尝试将基于 BERT 的模型打包到这个 V100 GPU 中。

在训练开始之前，还需要对输入数据进行预处理，具体如图 5.4 所示。

```
Creating training points: 100%|                    | 442/442 [01:20<00:00,  5.47it/s]
Creating evaluation points: 100%|                  | 48/48 [00:09<00:00,  4.98it/s]
86136 training points created.
10331 evaluation points created.
```

图 5.4　预处理输入数据

生成训练样本后，即可启动训练作业。

为了将训练样本纳入单个 GPU 的内存，这里我们使用非常小的批次大小。图 5.5 显示了使用 SQuAD 2.0 数据集微调 BERT 的系统信息。

```
+-----------------------------------------------------------------------------+
| NVIDIA-SMI 450.119.03   Driver Version: 450.119.03   CUDA Version: 11.0     |
|-------------------------------+----------------------+----------------------+
| GPU  Name       Persistence-M| Bus-Id        Disp.A | Volatile Uncorr. ECC |
| Fan  Temp  Perf  Pwr:Usage/Cap|         Memory-Usage | GPU-Util  Compute M. |
|                               |                      |               MIG M. |
|===============================+======================+======================|
|   0  Tesla V100-SXM2...  On   | 00000000:00:1E.0 Off |                    0 |
| N/A   47C    P0    240W / 300W|   5361MiB / 16160MiB |      83%      Default |
|                               |                      |                  N/A |
+-------------------------------+----------------------+----------------------+

+-----------------------------------------------------------------------------+
| Processes:                                                                  |
|  GPU   GI   CI        PID   Type   Process name                  GPU Memory |
|        ID   ID                                                   Usage      |
|=============================================================================|
|    0   N/A  N/A     13322      C   python                           5359MiB |
+-----------------------------------------------------------------------------+
```

图 5.5　使用 SQuAD 2.0 数据集微调 BERT 的系统信息

如图 5.5 所示，批次大小为 4，可以在单个 V100 GPU 内训练基于 BERT 的模型。但是，当你查看计算核心利用率（即图 5.5 中的 Volatile GPU-Util）时，发现它只有 83%左右，这意味着大约 17%的计算核心被浪费了。

请注意，Volatile GPU-Util 利用率只是一个粗略的指标，这意味着实际 GPU 核心利用率甚至还会低于此处显示的数字。

我们还将测试另一个批次大小为 1 的极端情况。图 5.6 显示了在这种情况下 GPU 的核心利用率。

如图 5.6 所示，这种情况下的 GPU 核心利用率仅为 65%，这意味着几乎一半的 GPU

核心算力在训练过程中被浪费了。值得一提的是，如果只使用批次大小为 1 或为 4 的设置，则训练时间可能会非常长。

```
+-----------------------------------------------------------------------------+
| NVIDIA-SMI 450.119.03   Driver Version: 450.119.03   CUDA Version: 11.0      |
|-------------------------------+----------------------+----------------------+
| GPU  Name        Persistence-M| Bus-Id        Disp.A | Volatile Uncorr. ECC |
| Fan  Temp  Perf  Pwr:Usage/Cap|         Memory-Usage | GPU-Util  Compute M. |
|                               |                      |               MIG M. |
|===============================+======================+======================|
|   0  Tesla V100-SXM2...   On  | 00000000:00:1E.0 Off |                    0 |
| N/A   57C    P0   118W / 300W |   3727MiB / 16160MiB |     65%      Default |
|                               |                      |                  N/A |
+-------------------------------+----------------------+----------------------+

+-----------------------------------------------------------------------------+
| Processes:                                                                  |
|  GPU   GI   CI        PID   Type   Process name                  GPU Memory |
|        ID   ID                                                   Usage      |
|=============================================================================|
|    0   N/A  N/A     14498      C   python                            3725MiB |
+-----------------------------------------------------------------------------+
```

图 5.6   批次大小为 1 时的测试——GPU 的核心利用率

另外一个必须提醒的事实是，目前，我们还只是测试相对较小的基于 BERT 的模型，如果是其他一些更大的模型，如 BERT-large、GPT-3 等，则不可能纳入单个 GPU 的内存。

综上所述，单节点训练在训练巨型 NLP 模型时经常会导致内存不足错误。

在某些极端情况下，我们也许可以在单个 GPU 中打包一个相对较小的 NLP 模型。但是，由于以下原因，它可能并不实用。

❏　局部训练批次太小，因此整个训练时间会非常长。

❏　较小的批次大小会导致计算核心的浪费。

接下来，我们将讨论目前常用的一些 NLP 模型。

5.3   ELMo、BERT 和 GPT

本节将介绍目前常用的一些经典 NLP 模型，即 ELMo、BERT 和 GPT。

在深入研究这些复杂的模型结构之前，我们将首先阐释循环神经网络（recurrent neural network，RNN）的基本概念及其工作原理，然后再讨论 Transformer 模型。

本节将涵盖以下主题。

❏　基本概念。

❏　循环神经网络。

❑　ELMo。

❑　BERT。

❑　GPT。

让我们从循环神经网络的基本概念开始论述。

5.3.1　基本概念

现在我们将深入探索循环神经网络的世界。从更高层次上来说，循环神经网络（RNN）与卷积神经网络（CNN）是不一样的，因为它通常需要维护先前输入的状态，就像人类的记忆一样。

图 5.7 演示了一对一（one-to-one）问题。

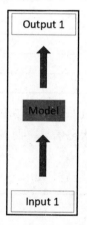

图 5.7　一对一问题

原　　文	译　　文	原　　文	译　　文
Input	输入	Output	输出
Model	模型		

如图 5.7 所示，一对一是计算机视觉领域的典型问题格式。基本上，假设我们有一个 CNN 模型，输入一幅图像作为 Input 1，CNN 模型将输出一个预测值（如图像标签）作为图 5.7 中的 Output 1。这就是所谓的一对一问题。

接下来，让我们看看一对多（one-to-many）问题，如图 5.8 所示。

图 5.8 显示的是另一个典型的任务，称为一对多问题。它是 NLP 模型的几个常见任务之一，如图像字幕。我们可以输入图像，模型将生成描述图像内容的句子，作为其输出的预测结果。

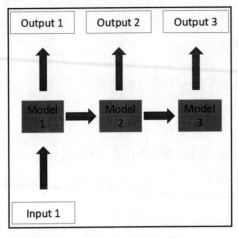

图 5.8　一对多问题

原　　文	译　　文	原　　文	译　　文
Input	输入	Output	输出
Model	模型		

值得一提的是，图 5.8 中的 Model 1、Model 2 和 Model 3 模型是相同的。唯一不同的是，Model 2 从 Model 1 接收了一些状态信息，而 Model 3 又从 Model 2 接收了一些状态记忆。

再来看看多对一（many-to-one）问题，如图 5.9 所示。

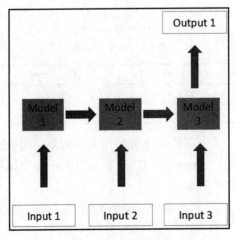

图 5.9　多对一问题

原　文	译　文	原　文	译　文
Input	输入	Output	输出
Model	模型		

多对一问题也需要基于循环神经网络模型。其基本原理如下：我们得到一个输入序列（如一个包含多个单词的句子），按顺序处理每个单词后，再输出一个值。

多对一问题的一个典型例子是情感分类（sentiment classification）。例如，在阅读客户评论中的一句话后，模型会预测它是正面评论还是负面评论。

还有一类是多对多（many-to-many）问题。这一类问题又包含无延迟和有延迟两个子类，其中无延迟版本如图 5.10 所示。

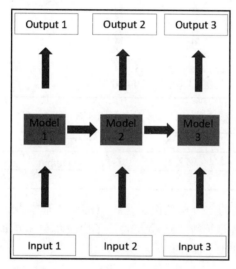

图 5.10　多对多问题（无延迟）

原　文	译　文	原　文	译　文
Input	输入	Output	输出
Model	模型		

第一种多对多问题是无延迟版本。这意味着在获得一个输入后，模型将立即预测一个输出。如图 5.10 所示，Input 1 和 Output 1 或 Input 2 和 Output 2 之间是没有延迟的。

无延迟版本的一个常见应用是视频分类和运动捕捉。基本上，对于输入图像的每一帧，我们都需要标记图片中的对象并监控它们的运动。

有延迟的多对多问题如图 5.11 所示。

如图 5.11 所示，多对多问题的第二个版本是在输入和输出之间存在延迟。从图 5.11 中可以看到，只有传入 Input 2 才会生成 Output 1。这就是称其为有延迟的多对多问题的原因。

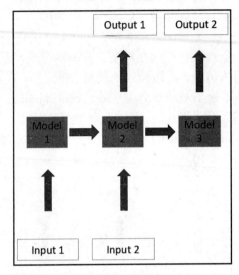

图 5.11　多对多问题（有延迟）

原　　文	译　　文	原　　文	译　　文
Input	输入	Output	输出
Model	模型		

　　有延迟的多对多问题的一个典型例子是机器翻译。基本上，在从语言 A 中获得句子的第一个单词之后，还需要等待并从输入的句子中收集更多单词，然后才能提供句子输出，完成从语言 A 到语言 B 的翻译。

5.3.2　循环神经网络

　　在 5.3.1 节"基本概念"定义的所有问题中，除了一对一问题，所有其他的问题都对先前的状态有一定的依赖性。例如，在图 5.11 中，为了获得 Model 2 的权重，需要 Model 1 记住来自 Input 1 的一些信息，并将这些信息传递给 Model 2。

　　虽然 Model 1 和 Model 2 是同一个模型，但是它们保持着不同的中间状态。例如，在图 5.11 中，Model 2 的状态维护着来自 Model 1 和 Input 2 的信息。

　　为了在同一个模型中传递状态信息，可以在模型上定义一些循环链接。具有循环链接的模型称为循环神经网络（RNN），如图 5.12 所示。

　　如图 5.12 所示，RNN 与 CNN 等其他模型的主要区别在于，RNN 在模型本身内部具有循环链接。

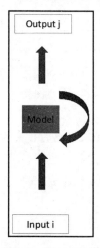

图 5.12　RNN 结构

原　　文	译　　文	原　　文	译　　文
Input	输入	Output	输出
Model	模型		

　　此循环链接用于维护模型内部与输入相关的状态。例如，当模型接收到第二个输入时，它可以同时使用第一个输入的状态和第二个输入来预测输出。

　　RNN 在时间维度上的展开版本如图 5.13 所示。

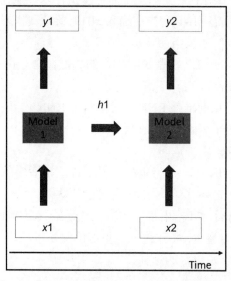

图 5.13　随时间展开的 RNN 结构

原　　文	译　　文	原　　文	译　　文
Time	时间	Model	模型

如图 5.13 所示，在第一个时隙（time slot），模型处理 Input 1（这里以 x1 表示）后，会生成 Output 1（以 y1 表示）。同时，它还会保持一些隐藏状态（例如，h1 即代表 Time 1 的隐藏状态）。

在第二个时隙，模型会收到 Input 2。这时模型会做两件事，如下所示。

（1）计算新的隐藏状态：

$$h2 = Wh * h1 + Wx * x2 + bias$$

其中：

❑　Wh 是模型用于记忆隐藏信息（如 h1, h2, ⋯, ht）的权重。

❑　Wx 是当前输入（如 x2, x3, ⋯, xt）的权重矩阵。

❑　对于大多数深度神经网络模型来说，还需要在计算的最后添加偏置（bias）。

基本上，要计算新的隐藏状态 h2，需要聚合之前的隐藏状态和当前输入数据。

（2）使用新的隐藏状态 h2 和 x2 生成输出 y2，如下：

$$y2 = Wy * h2 + bias$$

为了计算第二个时隙的输出（即图 5.13 中的 y2），需要使用更新后的隐藏状态 h2 和输出的权重矩阵（即 Wy）。同样，该公式的末尾也添加了偏置项。

使用上述两个公式，在任何给定时间 i 都可以执行以下操作。

（1）用前一个隐藏状态 h[i-1]和当前输入 x[i]更新隐藏状态 h[i]。

（2）使用更新后的 h[i]生成当前输出 y[i]。

以上就是关于最简单的 NLP 模型（RNN）的关键概念。在实际应用中，通常还会堆叠一个 RNN，如图 5.14 所示。

图 5.14 展示了一个简化的堆叠 RNN，它将两个 RNN 堆叠在一起。

可以将第 1 层（Layer 1）视为我们在图 5.13 中介绍过的 RNN。在它上面还堆叠了另一个称为 Layer 2 的 RNN。

基本上，对于堆叠 RNN 的一个特定层，以下说法是适用的。

❑　它可以将前一个 RNN 层的输出作为自己的输入。

❑　生成自己的输出后，其输出将作为输入传递给其后续的 RNN 层。

与单层 RNN 相比，堆叠 RNN 往往具有更好的测试准确率。因此，对于现实世界的应用程序，堆叠 RNN 通常是更好的选择。

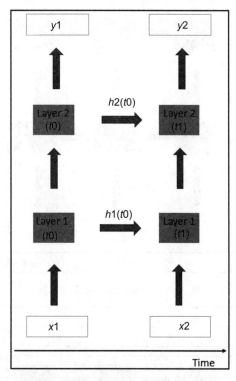

图 5.14 堆叠 RNN（深度 RNN）

原 文	译 文	原 文	译 文
Time	时间	Layer	层

5.3.3 ELMo

ELMo 是一种特殊的 RNN，它是基于长短期记忆（long short-term memory，LSTM）的。

LSTM 可以看作前面介绍的 RNN 的复杂版本。基本上，每个 LSTM 单元都有一个多门控系统，用于维护数据的长期和短期记忆。

在传统的 RNN 中，隐藏状态总是以与输入序列相同的顺序传播。在图 5.15 中，对于 Layer 1 层，隐藏状态以 $h1\_1$ 和 $h1\_2$ 的形式传递，与输入 $x1$ 和 $x2$ 的顺序相同。

与传统的 RNN 模型相比，ELMo 实际上还维护了另一个反向传播隐藏状态的模型，如图 5.16 所示。

如图 5.16 所示，ELMo 维护了一个额外的模型，用于反向传播隐藏状态信息。例如，对于第 1 层（Layer 1）来说，其隐藏状态将从 $hb1\_2$ 传播到 $hb1\_1$，这与 $x1$、$x2$ 和 $x3$ 的顺序是相反的。

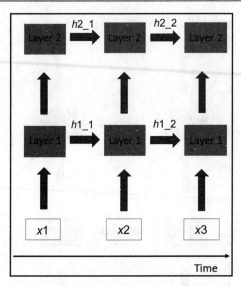

图 5.15　ELMo 模型的前向部分

原　文	译　文	原　文	译　文
Time	时间	Layer	层

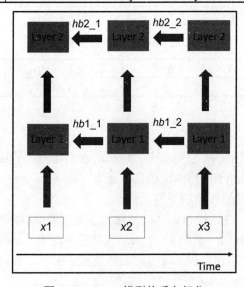

图 5.16　ELMo 模型的反向部分

原　文	译　文	原　文	译　文
Time	时间	Layer	层

由于 ELMo 维护两个模型部分，一个是前向传播隐藏状态，另一个是反向传播隐藏状态，因此，对于某个层上的每个输入，可能有两个不同的隐藏状态。

例如，在图 5.15 和图 5.16 中可以看到，对于 $x2$ 输入来说，Layer 1 上的前向隐藏状态为 $h1\_1$，反向隐藏状态为 $hb1\_2$。ELMo 将使用两种隐藏状态来表示 $x2$。

因此，在 ELMo 中，对于特定的输入，有两组隐藏状态，一组是前向隐藏状态，另一组是反向隐藏状态。这个不错的特性保证了 ELMo 可以学习前向和反向的输入关系。与仅使用前向传播的 RNN 模型相比，这种更丰富的信息往往有助于 ELMo 获得更高的测试准确率。

到目前为止，我们已经讨论了使用 RNN 的所有经典模型。接下来，让我们讨论一下基于 Transformer 的模型，如 BERT 和 GPT-2/3。

5.3.4 BERT

BERT 模型是谷歌公司发明的。BERT 名称表示的是来自 Transformer 的双向编码器（bidirectional encoder representations from Transformer），它是一种语言模型。其名称中的 Transformer 是一个机器翻译模型结构（Transformer 的开发者表示其取名寓意为"变形金刚"），BERT 语言模型正是以 Transformer 为基础组件而提出的。

Transformer 采用了与 ELMo 的双向训练类似的想法。但是，Transformer 通过采用自注意力（self-attention）机制进一步扩展了它。一个简化的自注意力单元如图 5.17 所示。

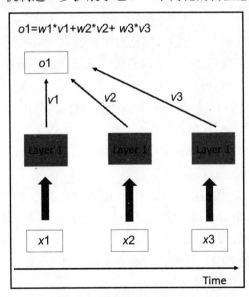

图 5.17 简化的自注意力单元

原　　文	译　　文
Time	时间
Layer	层

现在来看看与图 5.12 相同的示例。假设有一个单层模型，并且我们想要在给定输入 $x1$ 的情况下计算输出 $o1$。在自注意力方案中，它删除了直接的隐藏状态（图 5.15 和图 5.16 就是这样做的，它们传递了像 $h1\_1$ 或 $hb1\_1$ 这样的隐藏状态）。相反，自注意力方案会使用所有输入标记（如图 5.17 中的 $x1$、$x2$ 和 $x3$）中的所有记忆信息。

例如，为了计算图 5.17 中的 $o1$，自注意力定义了 $x1$ 与所有输入标记（即 $x1$、$x2$ 和 $x3$）的相关性（correlation）。它分以下两个步骤工作。

（1）将相关性看作一个权重矩阵，如图 5.17 中的 $w1$、$w2$、$w3$。

（2）同时使用相关性矩阵和从每个输入生成的一些值（即 $v1$、$v2$ 和 $v3$）来计算输出 $o1$。

计算 $o1$ 的正式定义如下：

$$o1 = w1 * v1 + w2 * v2 + w3 * v3$$

对于其他输出，如 $o2$ 和 $o3$ 也遵循上述公式。

从更高层次上来说，双向 RNN 和自注意力机制之间的主要区别如下。

❑　在双向 RNN（如 ELMo）中，一个输入标记的隐藏状态仅取决于其先前或后续的输入状态。

❑　在自注意力机制中，一个输入标记的中间表示将取决于所有的输入标记。

实际上，Transformer 使用的是多头注意力（multi-head attention），即为每个输入计算多个注意力输出值。

例如，对于前面提到的 $o1$ 的例子，多头注意力会计算 $o1\_1$、$o1\_2$ 等。每个 $o1\_i$ 都有不同的相关性矩阵，如 $w1\_i$、$w2\_i$、$w3\_i$ 等。

BERT 借用了双向 Transformer 的概念，将多层双向 Transformer 堆叠在一起，如图 5.18 所示。

图 5.18 展示了一个简化的 BERT 模型图，该图堆叠了两个双向 Transformer 层。在这里，双向 Transformer 是指每个输入的注意力值，它不仅取决于其所有先前的输入标记，也取决于其后续的输入标记。

接下来，我们将讨论 GPT，这是一种略有不同的基于 Transformer 的 NLP 模型。

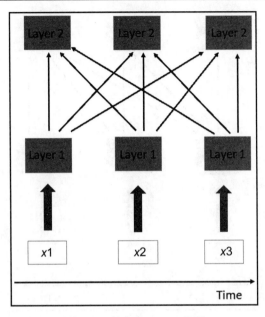

图 5.18　简化的 BERT 模型

原　　文	译　　文	原　　文	译　　文
Time	时间	Layer	层

5.3.5　GPT

　　OpenAI 开发了一个 GPT 模型，它也是一个基于 Transformer 的 NLP 模型。目前最流行的 GPT 模型类型是 GPT-2 和 GPT-3，GPT-2 和 GPT-3 都是巨型模型。常用的模型版本无法纳入单个 GPU 的内存。

　　与 BERT 相比，GPT 模型将采用略有不同的 Transformer 作为基础组件。GPT 模型的简化结构如图 5.19 所示。

　　如图 5.19 所示，这里的 Transformer 层与图 5.18 中的稍有不同。

　　在这里，每个输入的注意力值只取决于它之前的输入标记，与它的后续输入标记无关。因此，我们称其为单向 Transformer（one-directional Transformer）或仅前向 Transformer（forward-only Transformer），而如图 5.18 所示的 BERT 版本的 Transformer 则称为双向 Transformer（bidirectional Transformer）。

　　接下来，我们将讨论两种类型的 NLP 模型训练。

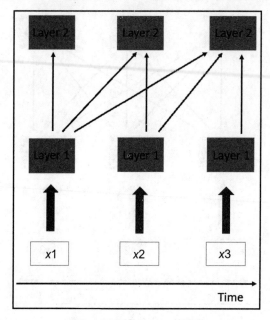

图 5.19　简化的 GPT 模型

原　　文	译　　文	原　　文	译　　文
Time	时间	Layer	层

5.4　预训练和微调

　　NLP 模型有两个阶段都可以描述为训练，一是预训练（pre-training），二是微调（fine-tuning）。本节将讨论这两个概念之间的主要区别。

　　预训练是我们从头开始训练一个巨型 NLP 模型的地方。在预训练中，需要有一个庞大的训练数据集（如所有的维基百科页面）。其工作方式如下。

　　（1）初始化模型权重。

　　（2）通过模型并行将巨型模型划分给数百或数千个 GPU。

　　（3）将庞大的训练数据集输入模型并行训练管道并训练数周或数月。

　　（4）一旦模型收敛到良好的局部最小值，则停止训练，并将该模型称为预训练模型。

　　按照上述步骤，可以得到一个预训练好的 NLP 模型。

　　请注意，预训练过程通常需要大量的计算资源和时间。截至目前，只有谷歌和微软等大型公司才有资源对模型进行预训练。预训练在学术界很少见。

微调是指用不同的下游任务对预训练的模型进行微调。例如，BERT 模型针对以下任务进行了预训练。

❑ 掩蔽语言建模（masked language modeling，MLM）。

❑ 下一个句子预测。

当然，你也可以将 BERT 用于如下其他任务。

❑ 问答。

❑ 序列分类。

你需要针对这些新的下游任务微调预训练的 BERT 模型。

假设你想要对预训练的 BERT 模型进行训练，以用于问答，则可以在更小的问答数据集（如 SQuAD 2.0）上微调预训练的 BERT 模型。

值得一提的是，与预训练相比，微调过程通常需要更少的计算资源和训练时间。此外，微调通常是在一些小数据集上训练预训练模型。

ℹ 注意：预训练与微调

预训练是指从头开始训练模型。

微调是指为新的下游任务调整预训练模型权重。

由于大多数 NLP 模型都是巨型的，因此我们经常使用最先进的 GPU 来同时训练这些模型。接下来，我们将讨论这些最先进的硬件，主要讨论的是来自 NVIDIA 的 GPU。

5.5 最先进的硬件

由于训练巨型自然语言处理（NLP）模型需要巨大的计算能力，因此我们通常使用最先进的硬件加速器来进行 NLP 模型训练。在以下各小节中，我们将介绍一些来自 NVIDIA 的最佳 GPU 和硬件。

5.5.1 P100、V100 和 DGX-1

Tesla P100 GPU 和 Volta V100 GPU 是 NVIDIA 推出的最好的 GPU。每个 P100/V100 GPU 都具有以下特性。

❑ 5～8 Teraflop 的双精度计算能力。

❑ 16 GB 设备内存。

❑ 700 GB/s 高带宽内存 I/O。

❑ NVLink 优化。

提示：

Teraflop 是衡量 CPU 浮点单元计算性能的单位，简称 TFLOP。

1 Teraflop 表示每秒 1 万亿次浮点运算。

根据上述列表中列出的特性规格，每个 P100/V100 GPU 都具有巨大的计算能力。另外，还有一款功能更强大的机器，其机箱中包含 8 个 P100/V100 GPU，这款机器就是 DGX-1。

DGX-1 专为高性能计算而设计。在单个机器中嵌入 8 个 P100/V100 GPU 时，跨 GPU 网络带宽就成了并行模型训练的主要瓶颈。因此，DGX-1 引入了一种称为 NVLink 的新硬件链路。

5.5.2　NVLink

NVLink 是一个 GPU 专有的点对点通信链路，当然，这是指在一个 DGX-1 机箱内的 GPU 之间。

NVLink 可以看作是速度更快的 PCIe 总线，但仅使用 GPU 进行连接。PCIe 3.0 通信带宽约为 10 GB/s。相形之下，每个 NVLink 则可以在 GPU 之间提供 20～25 GB/s 的通信带宽。

此外，对于 P100 版本，DGX-1 机器内 GPU 之间 NVLink 形成了一种特殊的超立方体拓扑，如图 5.20 所示。

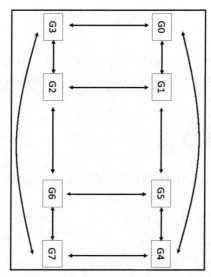

图 5.20　DGX-1 机器内的超立方体 NVLink 拓扑

从图 5.20 中可以看到，我们有两个不同的四 GPU 岛。G0～G3 形成一个岛，G4～G7 形成另一个岛。超立方体拓扑具有以下属性。

❑　在一个岛内，4 个 GPU 完全连接。

❑　在两个岛之间，仅连接对应的 GPU（如 G0～G4 和 G2～G6）。

对于具有 8 个 V100 GPU 的 DGX-1，NVLink 拓扑类似于图 5.20。更具体地说，除了图 5.20 中的超立方体拓扑，DGX-1（带有 V100）还添加了一个额外的 NVLink 环，连接 G0、G3、G2、G6、G7、G4、G5 和 G1。

5.5.3　A100 和 DGX-2

目前，NVIDIA 推出最好的 GPU 称为 A100。以下是 A100 的一些主要规格。

❑　10 Teraflop 的双精度计算能力。

❑　40 GB 设备内存。

❑　1500 GB/s 内存带宽。

❑　NVSwitch 优化。

DGX-2 机器将 16 个 A100 GPU 封装在一个机箱中，这 16 个 A100 通过 NVSwitch 连接。

5.5.4　NVSwitch

NVSwitch 是新一代的跨 GPU 通信通道。它可以看作计算机网络中的一种交换机，能够实现 GPU 之间单向 150 GB/s 和双向 300 GB/s 的点对点通信带宽。

5.6　小　　结

本章主要讨论了 NLP 模型和最先进的硬件加速器。通读完本章之后，你现在应该已经明白为什么 NLP 模型通常不适合在单个 GPU 上进行训练。本章还阐释了一些基本概念，如 RNN 模型的结构、堆叠 RNN 模型、ELMo、BERT 和 GPT。

关于硬件方面，现在你应该了解了 NVIDIA 的几款最先进的 GPU 以及它们之间的高带宽链接。

第 6 章将详细介绍模型并行和一些提高系统效率的技术。

第6章　管道输入和层拆分

本章将继续讨论模型并行。与数据并行相比，模型并行训练通常需要更多的 GPU/加速器。因此，系统效率在模型并行训练和推理过程中起着重要作用。

本章将使用以下假设限定我们的讨论。

❑ 假设输入数据批次大小相同。

❑ 在多层感知器（multi-layer perceptron，MLP）中，假设可以使用通用矩阵乘法（general matrix multiply，GEMM）函数计算它们。

❑ 对于每个 NLP 作业来说，我们将专门在一组加速器（如 GPU）上运行它。这意味着没有其他作业的干扰。

❑ 对于每个 NLP 作业，可使用相同类型的加速器。

❑ 机器内的 GPU 通过同构链路（如 NVLink 或 PCIe）连接。

❑ 对于跨机器通信，机器还将通过同类链路（如以太网电缆）连接。

❑ 对于模型并行训练，我们将专注于微调。因此，假设已有一个预训练的 NLP 模型。

❑ 对于每个输入批次，项目的数量足够大，可以拆分成多个分区。

❑ 对于模型的每一层，有足够的神经元供我们拆分并重新分配到多个加速器中。

❑ 对于 NLP 模型，我们有足够的层数将它们划分到多个加速器中。

本章将主要关注模型并行中的系统效率。

首先，我们将讨论普通模型并行（vanilla model parallelism）的缺点。普通模型并行无法很好地进行扩展，主要是由于系统效率低下。

其次，我们将介绍第一种方法——管道并行，以提高模型并行训练中的系统效率。

第三，我们将在模型并行的基础之上介绍管道并行，以提高系统效率。

第四，我们将讨论使用管道并行的优缺点。

第五，我们将介绍第二种方法，即层内模型并行。

最后，我们还将讨论层内模型并行的变体。

本章包含以下主题。

❑ 普通模型并行的低效问题。

❑ 管道输入。

❑ 管道并行的优缺点。

❑ 层拆分。

❑　关于层内模型并行的注意事项。

我们将首先说明为什么普通模型并行方法是非常低效的，然后再分别讨论管道并行和层内模型并行。

6.1　普通模型并行的低效问题

来自学术界的大量论文和来自行业的技术报告都提到，普通模型并行在 GPU 计算和内存利用率方面非常低效。为了说明为什么普通模型并行效率不高，让我们来看一个简单的深度神经网络模型，如图 6.1 所示。

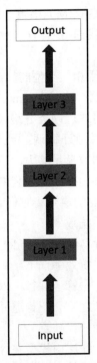

图 6.1　一个简单的三层 NLP 模型

原　　文	译　　文	原　　文	译　　文
Input	输入	Output	输出
Layer	层		

如图 6.1 所示，给定训练输入，我们将其传递给一个简单的三层 NLP 模型。这些层

分别表示为 Layer 1、Layer 2 和 Layer 3。在前向传播完成后，模型将生成一些输出。

现在假设使用 3 个 GPU，每个 GPU 只保存一层原始模型，如图 6.2 所示。

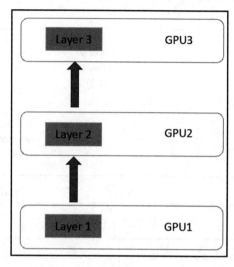

图 6.2　在 3 个 GPU 上的模型划分

原　　文	译　　文
Layer	层

在图 6.2 中，我们让 GPU1 持有模型的 Layer 1。类似地，GPU2 持有 Layer 2，而 GPU3 则持有 Layer 3。

接下来，我们将逐步讨论前向传播和反向传播。

6.1.1　前向传播

给定一批输入训练数据，我们将首先对模型进行前向传播。由于模型被划分到 GPU1～GPU3，因此前向传播将按以下顺序发生。

（1）GPU1 在 Layer 1 上对输入数据进行前向传播。

（2）GPU2 将开始前向传播。

（3）GPU3 将开始前向传播。

上述 3 个前向传播步骤的可视化如图 6.3 所示。

如图 6.3 所示，在 GPU1 上进行 Layer 1 的前向传播，我们将其重命名为 F1。类似地，Layer 2 的前向传播称为 F2，Layer 3 的前向传播称为 F3。

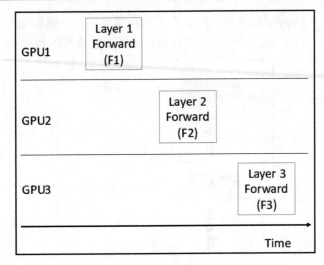

图 6.3　模型并行中的前向传播

原　　文	译　　文	原　　文	译　　文
Time	时间	Forward	前向
Layer	层		

在 Layer 3 完成前向传播后，它将生成模型的输出。模型服务阶段是为当前输入数据批次提供模型服务的结束。但是，如果你是在做模型训练（即 NLP 模型训练的微调阶段），则需要通过反向传播为每一层生成梯度。

6.1.2　反向传播

在 Layer 3 的前向传播（即图 6.3 中的 F3）完成后，它会生成一个输出预测。在模型并行训练阶段，则需要通过损失函数将输出预测与正确的标签进行比较。然后开始反向传播，如图 6.4 所示。

与图 6.3 中的前向传播相比，图 6.4 中的反向传播的顺序是相反的。其工作方式如下。

（1）首先，GPU3 上的 Layer 3 开始反向传播，生成 Layer 3 的本地梯度（也称为局部梯度）。在图 6.4 中将此 Layer 3 的反向传播称为 B3。然后，GPU3 会将 Layer 3 的梯度输出传递给 GPU2 上的 Layer 2。

（2）GPU2 接收到 GPU3 的梯度输出后，将使用它（连同之前前向传播产生的激活值）生成 Layer 2 的本地梯度。在图 6.4 中将 Layer 2 的反向传播称为 B2。然后，GPU2 会将其梯度输出传递给 GPU1。

（3）最后，GPU1 上的 Layer 1 进行反向传播并生成本地梯度。在图 6.4 中将此步骤称为 B1。

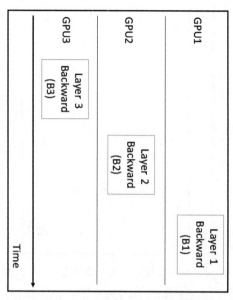

图 6.4　模型并行训练中的反向传播

原　　文	译　　文	原　　文	译　　文
Time	时间	Backward	反向
Layer	层		

在所有层生成它们的本地梯度之后，即可使用这些梯度来更新模型参数。

本小节描述了模型并行训练中前向传播和反向传播的细节。接下来，我们将分析每次训练迭代期间系统的低效问题，包括一次前向传播和一次反向传播。

6.1.3　前向传播和反向传播之间的 GPU 空闲时间

现在让我们分析一下整个训练迭代，它由一次前向传播和一次反向传播组成。我们将使用前面的三层模型训练示例来说明它。

图 6.5 显示了一次训练迭代的整个工作流程。

图 6.5 描述了模型并行中一次训练迭代的整个工作流程。在这里，F1 表示的是 Layer 1 的前向传播（其定义在图 6.3 中）。类似地，B1 则表示 Layer 1 的反向传播（其定义在图 6.4 中）。

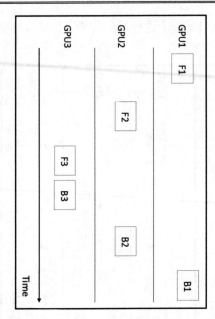

图 6.5　模型并行的一次训练迭代的工作流程

一次训练迭代的整个工作流程如图 6.5 所示，具体描述如下。

❑　在前向传播期间，执行顺序为 F1→F2→F3。

❑　在反向传播期间，执行顺序为 B3→B2→B1。

从上述执行顺序可以看出，反向传播的执行顺序和前向传播刚好相反。模型并行训练中前向传播和反向传播的不同执行顺序是系统效率低下的原因之一。

在使用的 3 个 GPU 中都有大量的 GPU 空闲时间。例如，GPU1 在图 6.5 中的 F1 和 B1 处理之间即处于空闲状态。

在图 6.6 中，我们用双箭头线突出显示了每个 GPU 空闲的所有时间段。

图 6.6 中每个 GPU 的空闲时间如下。

❑　GPU1：在 F1 和 B1 处理之间的空闲。

❑　GPU2：在 F1 处理期间、F2 和 B2 处理之间以及 B1 处理期间的空闲。

❑　GPU3：在 F1、F2、B2 和 B1 处理期间的空闲。

为了检查空闲时间，可以假设每个 GPU 的前向传播和反向传播的时间是相同的。

如图 6.6 所示，可以计算出每个 GPU 的工作和空闲时间，具体情况如下。

❑　GPU1：在 F1 和 B1 时隙工作，在 F2、F3、B3、B2 时隙空闲。

❑　GPU2：在 F2 和 B2 时隙工作，在 F1、F3、B3、B1 时隙空闲。

❑　GPU3：在 F3 和 B3 时隙工作，在 F1、F2、B2、B1 时隙空闲。

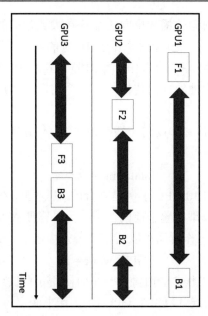

图 6.6　模型并行的一次训练迭代中的 GPU 空闲时间

根据上文叙述中的 GPU 工作/空闲时间,假设前向传播时间等于反向传播时间,则可以得出结论:每个 GPU 工作时间是一次训练迭代时间的 1/3,而在一次训练迭代中空闲的时间则占到 2/3。因此,使用普通模型并行训练,平均 GPU 利用率只有 33%左右,系统效率非常低。

这种低效率的主要原因是不同模型分区的 GPU 需要相互等待。更具体地说,在图 6.6 示例中,存在以下问题。

❑ F1 执行后,GPU1 需要等待 B2 完成。

❑ GPU2 的 F2 需要等待 GPU1 的 F1 完成,GPU2 的 B2 需要等待 GPU3 的 B3 完成。

❑ GPU3 的 F3 需要等待 GPU2 的 F2 完成。

这种层的顺序依赖性是系统效率低下的主要原因。

ℹ️ **注意:普通模型并行训练效率低下**

这种效率低下的主要原因是层的顺序依赖性。层依赖意味着不同模型分区的 GPU 需要等待其他 GPU 的中间输出。

请注意,在上述示例中,我们只使用了 3 个 GPU。当模型并行训练作业涉及更多 GPU 时,这种系统效率低下的问题可能会更加严重。

例如,假设我们有一个 10 层的深度神经网络模型,并且我们将每一层拆分给一个

GPU，仍然假设每一层的前向传播和反向传播花费大致相同的时间。然后，对于一次训练迭代，总时间为 20 个时隙：10 个时隙用于 10 层的前向传播；另外 10 个时隙用于 10 层的反向传播。但是，每个 GPU 只工作 2 个时隙，其余 18 个时隙则是空闲的。两个工作时隙的其中一个用于其本地的前向传播，另一个用于其本地的反向传播。因此，每个 GPU 的使用率只有 10%。

假设每个 GPU 的前向传播和反向传播在使用 N 个 GPU 的情况下花费相同的时间，则可以得到以下公式：

$$\text{total\_time} = 2 * N$$

上述公式和前面提到的 10 GPU 示例是吻合的。基本上，在使用 N 个 GPU 的情况下，我们需要 N 个时隙来完成模型的整个前向传播，另外需要 N 个时隙来完成整个模型的反向传播。因此每个 GPU 的工作时间可以用以下公式描述：

$$\text{GPU\_work} = 2$$

基本上，每个 GPU 仅工作 2 个时隙：一个时隙用于前向传播；另一个时隙用于反向传播。现在，可使用以下公式计算每个 GPU 的空闲时间：

$$\text{GPU\_idle} = 2 * (N\text{-}1)$$

对于每个 GPU，在整个 N 时隙的前向传播过程中，它只工作 1 个时隙，其余 N-1 个时隙都保持空闲。同样，对于反向传播，每个 GPU 只工作 1 个时隙，其余 N-1 个时隙都保持空闲。因此，每个 GPU 的总计空闲时间为$(N$-1$) + (N$-1$) = 2 * (N$-1$)$。

现在可使用以下公式计算每个 GPU 的利用率：

$$\text{GPU\_util} = \frac{\text{GPU\_work}}{\text{total\_time}} = \frac{2}{2 * N} = \frac{1}{N}$$

基于上述公式，我们用于相同模型并行训练的 GPU 越多，则每个 GPU 的利用率就越低。例如，假设使用 100 个 GPU 来训练一个巨大的 NLP 模型，并且使用模型并行训练在 100 个 GPU 之间逐层拆分模型。在这种情况下，对于每个 GPU 来说，利用率只有 1%。这绝对是不可接受的，因为每个 GPU 空闲了 99% 的总训练时间。

ℹ️ **注意：普通模型并行训练中的 GPU 利用率**

为了简化问题，我们假设每个 GPU 的前向传播和反向传播的时间是相同的。给定 N 个 GPU 用于相同的模型并行训练作业，即可得出结论：每个 GPU 的利用率为 $1/N$。

这就是普通模型并行训练中的低效率问题，接下来，我们将讨论几种广泛采用的方法，以提高模型并行训练中的系统效率。

我们将介绍的第一个方法为管道并行（pipeline parallelism）。管道并行尝试在模型并行训练的前向传播和反向传播期间对输入处理进行管道化（也称为流水线化）。

之后，我们还将讨论通过拆分每个 NLP 模型的层来改进模型并行训练的最新技术。

6.2　管道输入

本节将阐释管道并行的工作原理。从较高层次上来说，管道并行就是将每批训练输入分解成更小的微批次，并在这些微批次上进行数据管道操作。为了更清楚地说明这一点，我们首先看看正常的批次训练是如何工作的。

本节将继续使用图 6.1 中描述的三层模型示例，并且还将继续使用图 6.2 中描述的 GPU 设置。

现在假设每个训练批次包含 3 个输入项：Input 1、Input 2 和 Input 3。我们使用这个批次来输入模型。前向传播工作流程如图 6.7 所示。

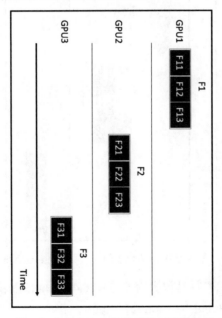

图 6.7　输入批次大小为 3 的模型并行训练的前向传播

其工作原理如下。

（1）GPU1 接收到 Input 1、Input 2、Input 3 的训练批次后，GPU1 进行称为 F1i 的前向传播（即在 GPU1 上对输入 i 进行前向传播），具体而言就是 F11、F12、F13。

（2）GPU1 完成 Input 1、Input 2、Input 3 的前向传播后，将其 F11、F12、F13 层输出传递给 GPU2。基于 GPU1 的输出，GPU2 开始 F2i 的前向传播（即基于 GPU2 上输入 i 的数据的前向传播），具体而言就是 F21、F22 和 F23。

（3）GPU2 完成前向传播后，GPU3 执行其本地的前向传播，这称为 F3i（即基于 GPU3 上的输入 i 的前向传播），具体而言就是 F31、F32 和 F33。

如图 6.7 所示，每个输入都是按顺序处理的。这种顺序数据处理也发生在反向传播中，如图 6.8 所示，在反向传播过程中，GPU3 首先根据 Input 1、Input 2、Input 3 依次计算梯度。然后，GPU2 根据 Input 1、Input 2、Input 3 计算其局部梯度。最后，GPU1 根据 Input 1、Input 2、Input 3 计算梯度。

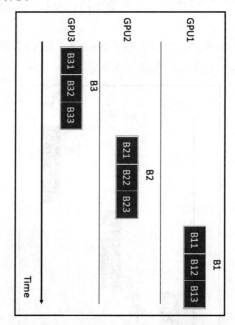

图 6.8　输入批次大小为 3 的模型并行训练的反向传播

在图 6.7 和 6.8 中，我们只是放大查看了图 6.4、图 6.5 和图 6.6 中每个 Fi 和 Bi 内部的内容（其中 i 分别对应 Input 1、Input 2、Input 3）。

现在让我们看看如何使用这 3 个输入数据项进行数据管道化。

先来看一下图 6.7 中的前向传播是如何进行数据管道化的。如图 6.9 所示，前向传播的数据管道首先在 Input 1 上工作。

该管道化（或称为流水线化）的工作原理如下。

（1）GPU1 根据 Input 1 计算出 F11，完成后 GPU1 将其 F11 的层输出传递给 GPU2。

（2）GPU2 收到 GPU1 的 F11 输出后，即可开始在 F21 上工作，这种情况可以和 GPU1 在 F12 上工作同时发生。

（3）GPU2 处理完 F21 后，GPU2 可以将其 F21 的层输出传递给 GPU3。

（4）GPU3 收到 GPU2 的 F21 输出后，即可开始处理 F31 了，这种情况可以和 GPU2 处理 F22 同时发生。

对比图 6.9（使用了数据流水线）和图 6.7（没有使用流水线）中的前向传播，即可清楚地看到端到端的时间差异。为了便于理解，可以假设处理每个输入数据项花费相同的时间。

如图 6.7 所示，在没有采用管道并行的情况下，以批次大小为 3 的设置完成整个前向传播需要 9 个时隙。但是，如图 6.9 所示，在采用了管道并行的情况下，只需 5 个时隙即可完成相同批次大小的整个前向传播。

因此，采用管道并行的方法显著减少了总训练时间（在上述示例中，从 9 个时隙减少到 5 个时隙）。在反向传播过程中也会发生类似的事情。反向传播的管道并行如图 6.10 所示。

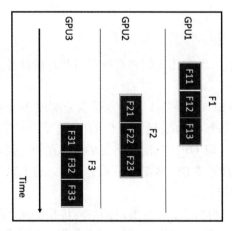

图 6.9　前向传播的管道并行

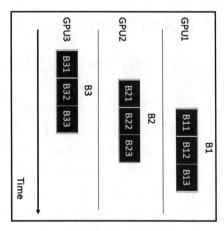

图 6.10　反向传播的管道并行

通过比较图 6.8 和图 6.10 可以看到，在反向传播期间采用管道并行也可以显著减少总训练时间。在批次大小为 3 的示例中，通过管道并行，可以将整个反向传播从 9 个时隙（见图 6.8）减少到仅 5 个时隙（见图 6.10）。

接下来，让我们看看管道并行的优缺点。

6.3　管道并行的优缺点

前文详细阐释了在模型并行训练期间管道并行在前向传播和反向传播中的工作原理，本节将讨论管道并行的优缺点。

6.3.1　管道并行的优势

管道并行最重要的优势在于它有助于减少模型并行训练期间的 GPU 空闲时间。以下列出了其所有优点。

- 减少整体训练时间。
- 在等待前面的或后续的 GPU 输出时减少 GPU 空闲时间。
- 实现管道并行的编码复杂度不高。
- 通常可以适应任何类型的深度神经网络模型。
- 简单、易懂。

6.3.2　管道并行的缺点

在上一小节中我们讨论了管道并行的优点，现在让我们来看看管道并行的缺点，具体如下。

- CPU 需要向 GPU 发送更多指令。例如，如果将 1 个输入批次分解成 N 个微批次以实现管道并行，则 CPU 需要向每个 GPU 发送 $N-1$ 倍的指令。
- 尽管管道并行减少了 GPU 空闲时间，但 GPU 空闲时间仍然是存在的。例如，在图 6.9 中可以看到，GPU3 仍然需要等待 F11 和 F21 完成。此外，在 GPU3 进行处理时，GPU1 和 GPU2 也存在空闲状态。
- 管道并行引入了更频繁的 GPU 通信。例如，在图 6.9 所示的前向传播期间，GPU1 需要将其输出发送给 GPU2 三次（每个输入一次）。但是，在如图 6.7 所示的普通模型并行训练中，GPU1 只需将其输出发送给 GPU2 一次（包括所有 3 个输入）。更频繁的小数据传输导致了较高的网络通信开销。这主要是因为小数据块可能不会完全饱和链路带宽。

接下来，我们将讨论另一种在模型并行训练中提高系统效率的方法，即层内并行。

6.4 层 拆 分

本节将讨论另一种提高模型并行训练效率的方法，即层内模型并行（intra-layer model parallelism）。一般来说，保存的每一层神经元的数据结构可以表示为矩阵。NLP 模型训练和服务期间的一个常见功能是矩阵乘法（matrix multiplication）。因此，可以通过某种方式拆分层的矩阵以实现并行执行。

让我们通过一个简单的例子来进行讨论。这里可以仅关注任何模型的 Layer 1。它将训练数据作为输入，经过前向传播，生成一些输出到后面的层。NLP 模型 Layer 1 的权重矩阵如图 6.11 所示。

Layer 1 Matrix			
w(0,0)	w(1,0)	w(2,0)	w(3,0)
w(0,1)	w(1,1)	w(2,1)	w(3,1)
w(0,2)	w(1,2)	w(2,2)	w(3,2)
w(0,3)	w(1,3)	w(2,3)	w(3,3)

图 6.11 NLP 模型 Layer 1 的权重矩阵

原　　文	译　　文
Layer 1 Matrix	Layer 1 矩阵

图 6.11 显示了表示 NLP 模型 Layer 1 的数据结构。在这里，每一列代表一个神经元。列中的每个权重都是一个神经元权重。这意味着本示例有 4 个神经元，并且每个神经元内部有 4 个权重。

现在假设有一个批次大小为 4 的输入，如图 6.12 所示。

如图 6.12 所示，我们有一个 4×4 的输入数据矩阵。在这里，每一行都是一个输入数据项。对于 NLP，你可以将每一行视为一个嵌入的句子。在该批次中有 4 个输入数据项，每个数据项有 4 个值，可以看作一个句子中的 4 个嵌入词。

Input Matrix (batch size = 4)			
x(0,0)	x(0,1)	w(0,2)	w(0,3)
x(1,0)	x(1,1)	x(1,2)	x(1,3)
x(2,0)	x(2,1)	x(2,2)	x(2,3)
x(3,0)	x(3,1)	x(3,2)	x(3,3)

图 6.12　批次大小为 4 的输入数据矩阵

原　　文	译　　文
Input Matrix (batch size = 4)	输入矩阵（批次大小为 4）

在这里，前向传播可以看成是 Layer 1 的权重和输入批次的矩阵相乘，其定义如下：

$$y = X * A$$

其中，y 表示 Layer 1 的输出，它将传播到下一层。

层内拆分的真正作用如下。

（1）我们沿其列拆分 Layer 1 的矩阵。例如，可以将 Layer 1 的列分成两半。那么，A 可以写成 A_01、A_23，如图 6.13 所示。基本上，每个拆分层只保留原始 Layer 1 的两个神经元。

（2）通过将 Layer 1 按列拆分成两半，可以传递输入 X 并计算 y，公式如下：

$$y\_01, y\_23 = [X * A\_01, X * A\_23]$$

（3）Layer 1 将 $[y\_01, y\_23]$ 作为输出传递给 Layer 2。

通过这种方式拆分模型层，我们不仅可以为每一层划分模型，还可以在每一层内划分模型。Layer 1 的层内拆分如图 6.13 所示。

其他的层也可以像 Layer 1 一样进行拆分。可以简单地将 X 矩阵视为上一层的输出。另外，如果前一层被按层拆分以匹配矩阵乘法的形状维度，则需要沿行维度拆分当前层。

通过对模型进行这种层内拆分，即可实现模型并行，而无须在每个 GPU 上的模型分区之间进行通信。这一点非常重要，因为通信始终是昂贵的，尤其是在延迟驱动（latency driven）的应用场景中。

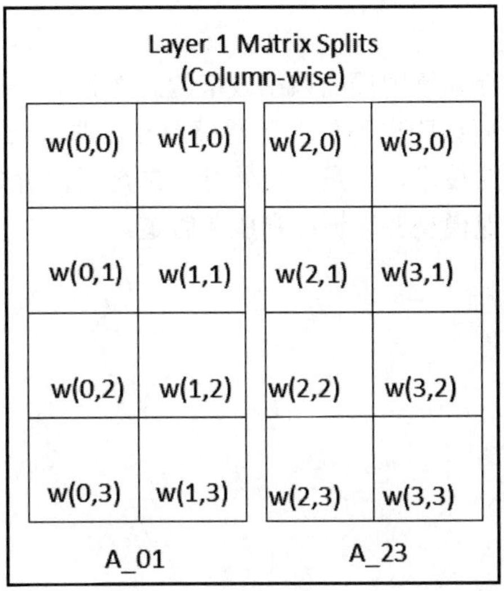

图 6.13　Layer 1 的层内拆分（按列拆分）

原　　文	译　　文
Layer 1 Matrix Splits (Column-wise)	Layer 1 矩阵拆分（按列拆分）

6.5　关于层内模型并行的注意事项

本节将讨论层内模型并行的更多细节。

层内模型并行是拆分巨型 NLP 模型的好方法。这是因为它允许在一个层内进行模型划分，并且在前向和反向传播期间不会引入大量的通信开销。对于一次拆分来说，它可能只在前向或反向传播中引入一个 All-Reduce 函数，这是可以接受的。

此外，层内模型并行也可以很轻松地与数据并行训练一起采用。如果有一个多机器多 GPU 系统，则可以在一台机器内进行层内并行。这是因为机器内的 GPU 通常具有较高的通信带宽。还可以跨不同机器进行数据并行训练。

最后，通常认为层内模型并行主要适用于 NLP 模型。换句话说，对于卷积神经网络（convolutional neural network，CNN）或强化学习（reinforcement learning，RL）模型，可能存在层内并行不起作用的情况。

6.6　小　　结

本章讨论了在模型并行训练中提高系统效率的方法。

通读完本章之后，你应该明白为什么普通模型并行非常低效。你还学习了两种提高模型并行训练中系统效率的技术，一是管道并行，二是层内拆分方法。

第 7 章将讨论如何实现模型并行训练和服务管道。

第7章 实现模型并行训练和服务工作流程

本章将讨论如何实现一个简单的模型并行管道。与每个 GPU 拥有模型的完整副本的数据并行相反，在模型并行中，需要在所有正在使用的 GPU 之间正确拆分模型。

在深入探讨细节之前，可使用以下关于硬件和工作负载的假设来限定我们的讨论。

❑ 我们将使用同构 GPU 进行相同的模型并行训练或服务作业。

❑ 每个模型训练或服务任务将独占整个硬件，这意味着模型训练或服务任务在运行过程中不会发生抢占或中断问题。

❑ 对于机器内的 GPU 来说，它们将使用 PCIe、NVLink 或 NVSwitch 连接。

❑ 对于不同机器之间的 GPU，它们将通过 10～100 Gb/s 带宽的通用以太网链路连接。

❑ 对于模型并行训练部分，我们将主要关注微调阶段而不是预训练阶段。

❑ 对于每个训练批次，我们将适当地设置一个很好的批次大小，这样就不会导致内存不足的错误。

❑ 每个模型可能有不同的变体（如 BERT 有 BERT base 和 BERT large）。因此，我们将选择合适的模型版本，这样就不会在模型微调和服务阶段造成内存不足的问题。

本章将重点介绍模型并行训练和服务的实现。

首先，我们将说明模型训练和服务的整个管道，包括模型拆分和部署，以及训练和服务工作流程。

其次，我们将微调语言模型。

再次，我们将讨论关于模型并行训练的超参数。

最后，我们将启动一些模型并行服务任务，用于模型测试和评估。

本章包含以下主题。

❑ 整个模型并行管道概述。

❑ 微调 Transformer。

❑ 模型并行中的超参数调优。

❑ NLP 模型服务。

首先，我们将概述模型并行训练和服务的整个工作流程；然后，将讨论如何进行 Transformer 微调、超参数调优和 NLP 模型服务等。

7.1　技 术 要 求

本章将使用 BERT 或 GPT 模型进行演示。我们还将使用斯坦福问答数据集（Stanford Question Answering Dataset，SQuAD 2.0）作为示例数据集，并使用 PyTorch 进行演示。

本章代码的主要库依赖如下。

- ❑　torch >= 1.7.1。
- ❑　transformers >= 4.10.3。
- ❑　cuda >= 11.0。
- ❑　torchvision >= 0.9.1。
- ❑　NVIDIA 驱动程序 >= 450.119.03。

必须预先安装上述库的正确版本。

7.2　整个模型并行管道概述

本节将简要介绍实现模型并行的组件。我们将首先讨论如何实现模型并行训练管道，然后再讨论如何实现模型并行服务管道。

7.2.1　模型并行训练概述

让我们先来看一个模型并行训练的简单例子，如图 7.1 所示。

如图 7.1 所示，我们有一个三层的深度神经网络（deep neural network，DNN）模型，并且将每一层拆分放到一个 GPU 上。例如，将 Layer 1 放在 GPU1 上，将 Layer 2 放在 GPU2 上。

模型并行训练中的前向传播如图 7.1 左侧所示。它的工作原理如下。

（1）GPU1 使用输入训练批次之后，会计算 Layer 1 的激活值。

（2）GPU2 接收到 GPU1 的输出后，开始进行自己的前向传播，并生成 Layer 2 到 Layer 3 的本地激活值和输出。

（3）GPU3 接收到 GPU2 的输出后，开始进行自己的前向传播，并生成预测输出。

反向传播显示在图 7.1 的右侧。它的工作原理如下。

（1）GPU3 生成 Layer 3 层的本地梯度后，将梯度输出传递给 GPU2。

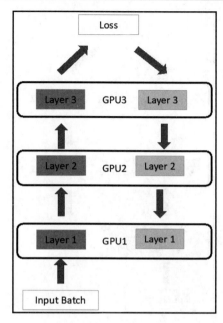

图 7.1　在三层深度神经网络模型上进行模型并行训练

原　　文	译　　文	原　　文	译　　文
Input Batch	输入批次	Loss	损失
Layer	层		

（2）GPU2 接收到 GPU3 的输出后，将计算其对 Layer 2 的本地梯度，生成梯度输出并传递给 GPU1。

（3）GPU1 接收到 GPU2 的输出后，开始计算其对 Layer 1 的本地梯度。

（4）利用每一层的本地梯度来更新对应的模型参数。

上述步骤定义了整个模型并行训练的工作流程。

7.2.2　实现模型并行训练管道

现在来看看如何实现这样的模型并行训练管道。

为了便于理解，我们将使用一个简单的深度神经网络（DNN）模型。该模型结构定义如图 7.2 所示。

如图 7.2 所示，我们将一个 DNN 模型拆分放到 3 个 GPU 上，这和图 7.1 是一样的。每个 GPU 实际上拥有多个连续的层，而不仅仅是一层。

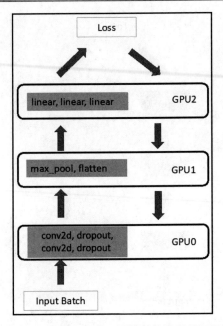

图 7.2　真实深度神经网络模型的模型并行训练

原　　文	译　　文	原　　文	译　　文
Input Batch	输入批次	Loss	损失

更具体地说，图 7.2 中的 DNN 层布局如下所示。

❑　GPU0 拥有两个 conv2d 层和两个 dropout 层。

❑　GPU1 拥有一个 max_pool 层和一个 flatten 层。

❑　GPU2 拥有 3 个 linear 层，它们是全连接层。

为了实现图 7.2 中定义的模型，可以使用如图 7.3 所示的相应的 PyTorch 代码。

如图 7.3 所示，我们实现的模型拆分如下。

❑　将 seq1()定义为放在 GPU0 上的层。

❑　将 seq2()定义为放在 GPU2 上的线性层。

❑　在 forward()函数中，定义了 F.max_pool2d()和 torch.flatten()作为我们放在 GPU1 上的层。

在 forward()函数中，还定义了不同 GPU 上的层的顺序。

（1）将输入数据通过 x.to('cuda:0')函数传入 GPU0。

（2）在 seq1()函数之后，将 GPU0 的输出传递给 GPU1：

```
x = F.max_pool2d(x,2).to('cuda:1')
x = torch.flatten(x,1).to('cuda:1')
```

```python
import torch
import torch.nn as nn
import torch.nn.functional as F

class MyNet(nn.Module):
    def __init__(self):
        super(MyNet, self).__init__()
        self.seq1 = nn.Sequential(
                        nn.Conv2d(1,32,3,1),
                        nn.Dropout2d(0.5),
                        nn.Conv2d(32,64,3,1),
                        nn.Dropout2d(0.75)).to('cuda:0')
        self.seq2 = nn.Sequential(
                        nn.Linear(9216,128),
                        nn.Linear(128,20),
                        nn.Linear(20,10)).to('cuda:2')

    def forward(self, x):
        x = self.seq1(x.to('cuda:0'))
        x = F.max_pool2d(x, 2).to('cuda:1')
        x = torch.flatten(x, 1).to('cuda:1')
        x = self.seq2(x.to('cuda:2'))
        output = F.log_softmax(x, dim = 1)
        return output
```

图 7.3　模型拆分的 PyTorch 实现

（3）将 GPU1 的输出通过 x.to('cuda:2')函数传递给 GPU2。

到目前为止，我们已经定义了前向传播层序列和 GPU 分配。然后，PyTorch 或 TensorFlow 可以自动生成对应的反向传播层顺序。因此，我们不需要在反向传播期间指定层依赖的逆序。

7.2.3　指定 GPU 之间的通信协议

现在我们需要更改模型训练函数，以便它知道应该在训练输入中传递哪个 GPU，以及可以从哪个 GPU 获得预测结果。

指定哪个 GPU 将获取输入数据、哪个 GPU 将生成最终预测结果的代码如下：

```python
# 模型并行训练
def train(args):
...
    criterion = nn.CrossEntropyLoss()
    optimizer = torch.optim.SGD(model.parameters(), lr = 1e-3)
...
```

```
for epoch in range(args.epochs):
    print(f"Epoch {epoch}")
    for idx, (data, target) in enumerate(trainloader):
        data = data.to('cuda:0')
        optimizer.zero_grad()
        output = model(data)
        target = target.to(output.device)
        loss = F.cross_entropy(output, target)
        loss.backward()
        optimizer.step()
        print(f"batch {idx} training :: loss {loss.item()}")
    print("Training Done!")
return model
```

如上述代码段所示，可通过以下步骤来实现模型并行训练功能。

（1）定义损失函数。其语句如下：

```
criteria = nn.CrossEntropyLoss()
```

（2）定义训练优化器。其语句如下：

```
optimizer = torch.optim.SGD(model.parameters(), lr = 1e-3)
```

（3）在训练循环中，将数据移动到 GPU0，其语句如下：

```
data = data.to('cuda:0')
```

（4）定义生成预测结果的 GPU，其语句如下：

```
target = target.to(output.device)
```

在这里，output.device 会自动跟踪输出设备 GPU2，并将目标传递给 GPU2。

有了 train()函数中的上述代码片段之后，即可使用 3 个 GPU（GPU0、GPU1 和 GPU2）运行模型并行训练作业。

其运行截图如图 7.4 所示。

如图 7.4 所示，我们成功启动了模型并行训练。经过多次迭代训练，可以看到损失值下降到小于 0.5，如图 7.5 所示。

图 7.5 验证了我们实现的模型并行训练是正确的，训练后模型可以收敛。

此外，为了验证这个训练作业是否真的同时使用了 3 个 GPU，可以打开另一个终端，使用 watch nvidia-smi 功能监控 GPU 利用率。图 7.6 是 nvidia-smi 的监控截图。

如图 7.6 所示，我们使用了 3 个 GPU（0、1 和 2）一起运行相同的模型并行训练作业。

接下来，我们将讨论如何实现模型并行服务。通过将模型拆分放到多个 GPU 上，即可协调所有 GPU 以完成模型并行服务工作。

```
Epoch 0
batch 0 training :: loss 2.367696523666382
batch 1 training :: loss 2.358067274093628
batch 2 training :: loss 2.31669116602020264
batch 3 training :: loss 2.3472657203674316
batch 4 training :: loss 2.3291213512420654
batch 5 training :: loss 2.341862201690674
batch 6 training :: loss 2.3476767539978027
batch 7 training :: loss 2.3589253425598145
batch 8 training :: loss 2.3385939598083496
batch 9 training :: loss 2.314199209213257
batch 10 training :: loss 2.357100486755371
batch 11 training :: loss 2.341332197189331
batch 12 training :: loss 2.3510727882385254
batch 13 training :: loss 2.305490732192993
batch 14 training :: loss 2.2896692752838135
batch 15 training :: loss 2.2965853214263916
batch 16 training :: loss 2.289027452468872
batch 17 training :: loss 2.318589687347412
batch 18 training :: loss 2.314786911010742
batch 19 training :: loss 2.292377471923828
batch 20 training :: loss 2.311783790588379
batch 21 training :: loss 2.3006303310394287
batch 22 training :: loss 2.2897908687591553
batch 23 training :: loss 2.309767246246338
batch 24 training :: loss 2.326434373855591
batch 25 training :: loss 2.3054540157318115
batch 26 training :: loss 2.3287947177886963
batch 27 training :: loss 2.309558391571045
batch 28 training :: loss 2.289318084716797
batch 29 training :: loss 2.3383259773254395
batch 30 training :: loss 2.2959561347961426
batch 31 training :: loss 2.2574143409729004
batch 32 training :: loss 2.293168783187866
batch 33 training :: loss 2.2815194129943848
batch 34 training :: loss 2.2899670600891113
batch 35 training :: loss 2.2440366744995117
batch 36 training :: loss 2.2733407020568848
batch 37 training :: loss 2.2578611373901367
batch 38 training :: loss 2.2523033618927
batch 39 training :: loss 2.2961771488189697
batch 40 training :: loss 2.269951820373535
```

图 7.4　前 40 个训练批次

```
batch 450 training :: loss 0.4500477612018585
batch 451 training :: loss 0.41694992780685425
batch 452 training :: loss 0.5335432291030884
batch 453 training :: loss 0.3785797357559204
batch 454 training :: loss 0.5250097513198853
batch 455 training :: loss 0.48590853810310364
batch 456 training :: loss 0.4359087646007538
batch 457 training :: loss 0.5516181588172913
batch 458 training :: loss 0.4193853735923767
batch 459 training :: loss 0.24893827736377716
batch 460 training :: loss 0.4412848949432373
batch 461 training :: loss 0.6855418086051941
batch 462 training :: loss 0.60863196849823
batch 463 training :: loss 0.6327939629554749
batch 464 training :: loss 0.4109138548374176
batch 465 training :: loss 0.3921489715576172
batch 466 training :: loss 0.3610058128833771
batch 467 training :: loss 0.4983370304107666
batch 468 training :: loss 0.497358113527298
Training Done!
```

图 7.5　最后 18 个训练批次

```
+-----------------------------------------------------------------------------+
| NVIDIA-SMI 450.142.00   Driver Version: 450.142.00   CUDA Version: 11.0      |
|-------------------------------+----------------------+----------------------+
| GPU  Name        Persistence-M| Bus-Id        Disp.A | Volatile Uncorr. ECC |
| Fan  Temp  Perf  Pwr:Usage/Cap|         Memory-Usage | GPU-Util  Compute M. |
|                               |                      |               MIG M. |
|===============================+======================+======================|
|   0  Tesla M60           On   | 00000000:00:1B.0 Off |                    0 |
| N/A   32C    P0    82W / 150W |   1008MiB /  7618MiB |     69%      Default |
|                               |                      |                  N/A |
+-------------------------------+----------------------+----------------------+
|   1  Tesla M60           On   | 00000000:00:1C.0 Off |                    0 |
| N/A   25C    P0    38W / 150W |    708MiB /  7618MiB |     18%      Default |
|                               |                      |                  N/A |
+-------------------------------+----------------------+----------------------+
|   2  Tesla M60           On   | 00000000:00:1D.0 Off |                    0 |
| N/A   29C    P0    39W / 150W |    772MiB /  7618MiB |     21%      Default |
|                               |                      |                  N/A |
+-------------------------------+----------------------+----------------------+
|   3  Tesla M60           On   | 00000000:00:1E.0 Off |                    0 |
| N/A   23C    P8    14W / 150W |      3MiB /  7618MiB |      0%      Default |
|                               |                      |                  N/A |
+-------------------------------+----------------------+----------------------+

+-----------------------------------------------------------------------------+
| Processes:                                                                  |
|  GPU   GI   CI        PID   Type   Process name            GPU Memory       |
|        ID   ID                                             Usage            |
|=============================================================================|
|    0   N/A  N/A       722      C   python                  1005MiB          |
|    1   N/A  N/A       722      C   python                   705MiB          |
|    2   N/A  N/A       722      C   python                   769MiB          |
+-----------------------------------------------------------------------------+
```

图 7.6　使用 3 个 GPU 的模型并行训练

7.2.4　模型并行服务

在上一小节中，讨论了如何使用 3 个 GPU 一起进行模型并行训练工作。现在，假设模型已完全训练，可以将这个经过全面训练的模型拆分放到多个 GPU 上以进行模型并行服务。对比图 7.1 中的模型并行训练，可以画出模型并行服务示意图，如图 7.7 所示。

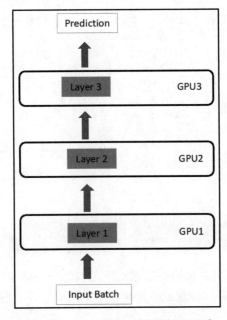

图 7.7　三 GPU 设置中的模型并行服务

原　　文	译　　文	原　　文	译　　文
Input Batch	输入批次	Prediction	预测
Layer	层		

可以看到，与图 7.1 中的模型并行训练相比，图 7.7 所示的模型并行服务中没有反向传播。在给定输入数据批次的情况下，我们将其传递给不同 GPU 持有的不同层，并且只进行前向传播。前向传播完成后，GPU3 上的最后一层将生成预测结果。

为了实现模型并行服务，仍然可以使用我们用于模型并行训练的模型。该模型结构已经在图 7.2 和图 7.7 中定义。在代码方面，不需要更改模型结构中的任何内容，唯一需要改变的是模型服务函数。

（1）实现模型并行服务的代码片段如下：

```
# 模型并行服务
def test(args, model):
...
    model.eval()
...
    correct_total = 0
...
    with torch.no_grad():
        for idx, (data, target) in enumerate(testloader):
            output = model(data.to('cuda:0'))
            predict = output.argmax(dim=1,
                        keepdim=True).to(output.device)
            target = target.to(output.device)
            correct = predict.eq(target.view_as(predict))
                        .sum().item()
            correct_total += correct
            acc = correct_total/len(testloader.dataset)
            print(f"Test Accuracy {acc}")
    print("Test Done!")
...
```

（2）如上述代码片段所示，我们首先需要将模型设置为服务阶段：

```
model.eval()
```

（3）使用 testloader 将测试数据加载到完全训练好的模型中。请注意，由于我们将逐层拆分模型，因此需要确保将测试数据传递给 GPU0 而不是任何其他 GPU。这可以通过以下操作来完成：

```
output = model(data.to('cuda:0'))
```

这其实就是强制将输入数据传递给 GPU0（即 cuda:0）。

（4）需要指定从哪个 GPU 得到模型预测结果：

```
predict =   output.argmax(dim=1, keepdim=True)
            .to(output.device)
```

在这里，output.device 保证我们可以在 GPU2 上收集预测结果，因为它是最终输出设备（即持有模型最后一层的设备）。

（5）需要将真实标签传递给输出设备，以便可以通过执行以下操作来计算模型的准确率（accuracy）：

$$accuracy = \frac{\#of(prediction == label)}{total\ data\ size}$$

可以看到，首先将计算 # of(prediction == label)，即模型预测等于真实标签的次数；然后，使用这个计数值除以 total data size（总测试数据大小）来计算准确率。

（6）因此，我们还需要确保将真实标签传递到 GPU2 中。这可以使用以下代码来完成：

```
target = target.to(output.device)
```

完成上述所有事情后，即可使用之前训练过的模型进行模型并行服务。

当你开始运行模型服务时，将在终端中看到如图 7.8 所示的输出。

```
Test Accuracy 0.0019666666666666665
Test Accuracy 0.0037333333333333333
Test Accuracy 0.0056833333333333334
Test Accuracy 0.0076
Test Accuracy 0.0094833333333333333
Test Accuracy 0.0114
Test Accuracy 0.013216666666666666
Test Accuracy 0.015066666666666667
Test Accuracy 0.0168
Test Accuracy 0.01875
Test Accuracy 0.020566666666666667
Test Accuracy 0.0225
Test Accuracy 0.0243
Test Accuracy 0.026333333333333334
```

图 7.8　模型测试输出结果

从图 7.8 中可以看到，测试的准确率开始提高，因为我们有越来越多的正确预测结果。整个测试完成后，你将看到测试准确率达到了相当不错的数字，如图 7.9 所示。

```
Test Accuracy 0.8768166666666667
Test Accuracy 0.8786333333333334
Test Accuracy 0.88055
Test Accuracy 0.8826333333333334
Test Accuracy 0.8844666666666666
Test Accuracy 0.8865666666666666
Test Accuracy 0.88795
Test Done!
```

图 7.9　模型测试完成

从图 7.9 中可以看到，我们通过模型并行服务管道实现了 88.79% 的模型服务准确率。

为了验证是否同时使用了所有 3 个 GPU，可以使用 nvidia-smi 进行相同的系统资源监控。其结果如图 7.10 所示。

如图 7.10 所示，我们有 3 个 GPU 同时在同一个模型服务作业上工作。这验证了我们的模型并行服务实现的正确性。

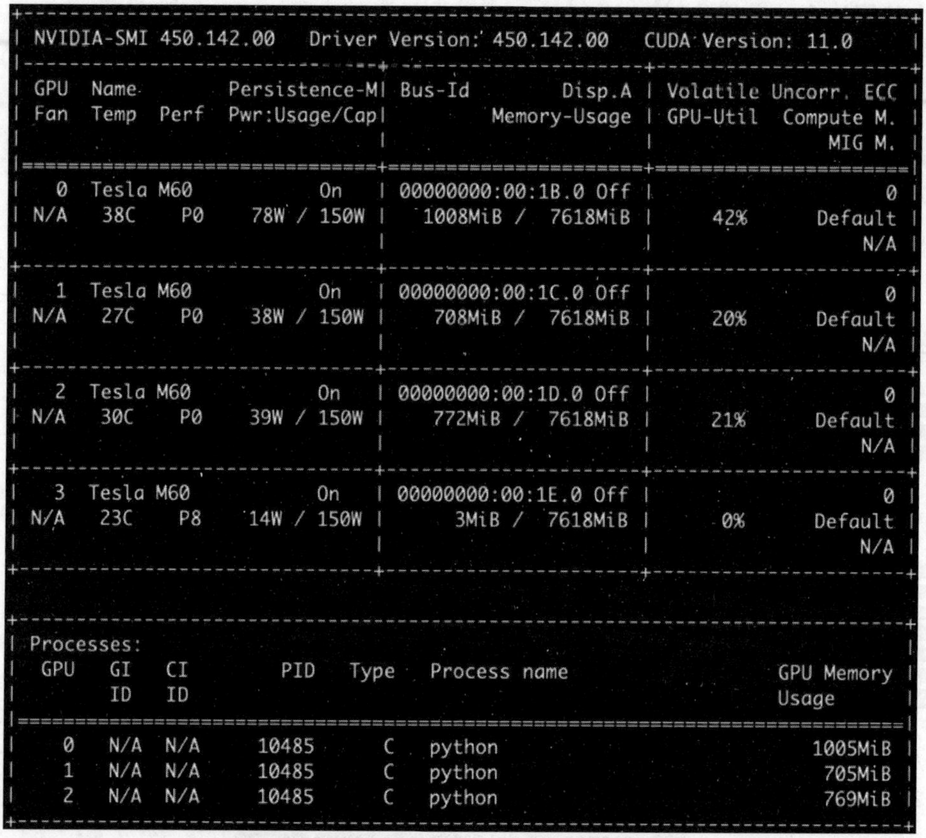

```
+-----------------------------------------------------------------------------+
| NVIDIA-SMI 450.142.00    Driver Version: 450.142.00    CUDA Version: 11.0    |
|-------------------------------+----------------------+----------------------+
| GPU  Name        Persistence-M| Bus-Id        Disp.A | Volatile Uncorr. ECC |
| Fan  Temp   Perf  Pwr:Usage/Cap|         Memory-Usage | GPU-Util  Compute M. |
|                               |                      |               MIG M. |
|===============================+======================+======================|
|   0  Tesla M60           On   | 00000000:00:1B.0 Off |                    0 |
| N/A   38C    P0    78W / 150W |  1008MiB /  7618MiB  |   42%        Default |
|                               |                      |                  N/A |
+-------------------------------+----------------------+----------------------+
|   1  Tesla M60           On   | 00000000:00:1C.0 Off |                    0 |
| N/A   27C    P0    38W / 150W |   708MiB /  7618MiB  |   20%        Default |
|                               |                      |                  N/A |
+-------------------------------+----------------------+----------------------+
|   2  Tesla M60           On   | 00000000:00:1D.0 Off |                    0 |
| N/A   30C    P0    39W / 150W |   772MiB /  7618MiB  |   21%        Default |
|                               |                      |                  N/A |
+-------------------------------+----------------------+----------------------+
|   3  Tesla M60           On   | 00000000:00:1E.0 Off |                    0 |
| N/A   23C    P8    14W / 150W |     3MiB /  7618MiB  |    0%        Default |
|                               |                      |                  N/A |
+-------------------------------+----------------------+----------------------+

+-----------------------------------------------------------------------------+
| Processes:                                                                  |
|  GPU   GI   CI       PID   Type   Process name              GPU Memory      |
|        ID   ID                                              Usage           |
|=============================================================================|
|    0   N/A  N/A    10485     C    python                    1005MiB         |
|    1   N/A  N/A    10485     C    python                     705MiB         |
|    2   N/A  N/A    10485     C    python                     769MiB         |
+-----------------------------------------------------------------------------+
```

图 7.10   使用 3 个 GPU 的模型并行训练

本节讨论了如何实现模型并行训练管道以及如何实现模型并行服务管道。接下来，让我们看看如何对 Transformer 进行微调。

7.3   微调 Transformer

本节将讨论如何对预训练的 Transformer 模型进行微调。在这里，我们主要关注完全训练的 BERT 模型，并且将在 SQuAD 2.0 数据集上工作。

可以在 Hugging Face 网站上轻松找到在 BERT 模型上运行自定义训练的整个代码库。其网址如下：

https://huggingface.co/transformers/custom_datasets.html#qa-squad

我们之前的模型并行实现可以直接应用到这个代码库中，以加速模型训练和服务。

以下将重点介绍在 SQuAD 2.1 数据集上微调 BERT 的工作流程中的重要步骤。图 7.11 显示了其大致流程。

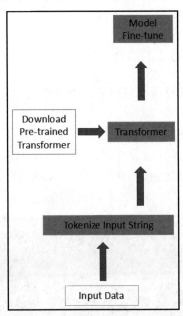

图 7.11　在下游任务上微调 Transformer

原　　文	译　　文
Input Data	输入数据
Tokenize Input String	标记输入字符串
Download Pre-trained Transformer	下载预训练的 Transformer
Model Fine-tune	模型微调

如图 7.11 所示，整个微调过程包括如下 3 个步骤。

（1）标记输入字符串。

（2）下载预训练的基础模型。

（3）使用标记化的输入对预训练模型进行微调。

通过采用这 3 个步骤，即可在自定义数据集（如 SQuAD 2.0）上完成 Transformer 微调。

接下来，我们将讨论模型并行训练期间的重要超参数。

7.4　模型并行中的超参数调优

本节将讨论模型并行训练过程中所需的一些重要超参数，如平衡 GPU 之间的工作负载以及启用/禁用管道并行。

7.4.1　平衡 GPU 之间的工作负载

在大多数情况下，我们将逐层拆分模型。由于使用的是同构 GPU，因此应该尝试平衡所有 GPU 之间的工作负载。

GPU 工作负载并不总是与 GPU 内部的层数成线性比例。平衡 GPU 之间工作负载的一种方法是查看其计算核心利用率。这个计算核心利用率值可以在 nvidia-smi 中找到。例如，图 7.12 显示 GPU0 的工作负载比 GPU1 大——GPU0 上的 Volatile GPU-Util 为 42%，而 GPU1 上则为 20%。

```
GPU  Name        Persistence-M| Bus-Id        Disp.A | Volatile Uncorr. ECC
Fan  Temp  Perf  Pwr:Usage/Cap|               Memory-Usage | GPU-Util  Compute M.
                               |                        |               MIG M.
=============================+======================+======================
  0  Tesla M60         On   | 00000000:00:1B.0 Off |                      0
N/A   38C   P0   78W / 150W |   1008MiB /  7618MiB |      42%      Default
                            |                      |                   N/A
-----------------------------+----------------------+----------------------
  1  Tesla M60         On   | 00000000:00:1C.0 Off |                      0
N/A   27C   P0   38W / 150W |    708MiB /  7618MiB |      20%      Default
                            |                      |                   N/A
```

图 7.12　GPU 未被充分利用

因此，我们需要将最初分配在 GPU0 上的一些层移动到 GPU1。理想情况是所有 GPU 具有大致相同的 GPU-Util 百分比。

7.4.2　启用/禁用管道并行

模型并行训练的另一个重要超参数是管道并行，在第 6 章"管道输入和层拆分"中已对此进行了讨论。当然，我们也可以考虑是否需要启用管道并行。

目前，有些实验和研究表明，启用管道并行可能并不总是能够提高系统利用率。有关详细信息，可访问以下网址：

https://pytorch.org/tutorials/intermediate/model_parallel_tutorial.html

因此，我们应该尝试同时启用和禁用管道并行，然后选择具有更高的系统利用率的做法。

接下来，我们将讨论 NLP 模型服务。

7.5　NLP 模型服务

现在我们将讨论 NLP 模型服务。假设模型已使用你的自定义数据成功训练。

（1）定义我们的问题和答案：

```
string1 = "Packt is a publisher"
string2 = "Who is Packt ?"

index_tokens = tokenizer.encode(string1, string2, add_special_tokens=True)
```

可以看到，这实际上就是将问答对定义为 string1 和 string2，然后对这两个字符串进行标记。

（2）将前面的标记（token）转换为 torch 张量：

```
tokens_tensors = torch.tensor([index_tokens])
```

（3）现在可以使用 NLP 模型服务来回答问题：

```
with torch.no_grad():
    out = model(tokens_tensors,
                token_type_ids = segments_tensors)

ans = tokenizer.decode(index_tokens
        [torch.argmax(out.start_logits):
        torch.argmax(out.end_logits)+1])

print(ans)
```

（4）运行上述代码片段。给定两个输入字符串，可得到以下答案（ans）：

```
publisher
```

至此，我们已经完成了进行 NLP 模型服务的操作。

7.6 小　　结

本章主要讨论了如何实现模型并行训练和服务管道。

通读完本章后，你应该能够将一个 DNN 模型拆分放到多个 GPU 上，并进行模型并行训练和服务。此外，你还应该知道如何为模型并行训练作业进行超参数调优。最后，你还可以通过运行一些模型服务任务轻松测试你的 NLP 模型。

第 8 章将讨论一些高级技术，以进一步提高模型并行训练和服务的性能。

第 8 章　实现更高的吞吐量和更低的延迟

一般来说，模型并行的效率低于数据并行，其主要原因有以下两个。

（1）持有不同图形处理单元（GPU）的深度神经网络（DNN）层之间的顺序依赖性限制了性能。一个 GPU 在其前面的 GPU 生成输出之前可能不会开始工作。

（2）有限的 GPU 内存使得它无法在每次训练迭代中训练大量输入。由于模型参数量大，因此每次训练迭代只能训练小批量数据。

鉴于上述两个挑战，我们将尝试采用最先进的（state-of-the-art，SOTA）技术来提高吞吐量和降低延迟，如冻结层、模型蒸馏等。在深入讨论细节之前，我们需要说明一下本章的假设，具体情况如下。

❑　假设在整个模型训练和模型服务会话期间没有作业抢占。

❑　对于模型训练，我们仅专注于自然语言处理（NLP）模型的微调阶段。

❑　假设磁盘存储容量比设备内存大小大几个数量级（orders-of-magnitude，OOM）。

❑　假设中央处理器（CPU）内存通常比设备内存大小大一个数量级。

❑　假设模型的不同层可能会在不同的训练迭代中收敛到接近最优的点。

❑　假设我们所使用的 GPU 可以进行混合精度计算——例如，GPU 可以轻松地将 FP32 的张量转换为 FP16（这里的 FP 代表浮点数）甚至是 INT8 数据格式（这里的 INT 代表整数）。

❑　假设每个训练作业都使用同质 GPU。

❑　对于通信链路，可以限制为使用 Peripheral Component Interconnect Express （PCIe）、NVLink 或 NVSwitch 进行机器内通信，以及使用以太网或 InfiniBand （IB）进行跨机器数据通信。

❑　假设使用的模型可以通过一些预定义的模型修剪策略轻松修剪。

本章主要关注在模型并行训练和推理中提高系统效率的 SOTA 技术。

首先，我们将讨论一种称为层冻结（layer freezing）的新技术。实际上就是可能会删除一些经过完全训练的层的中间结果，这样就可能有更多的空间来保存其他层的中间结果。

其次，GPU 本地内存通常很小，因此，我们将探索使用更大的存储空间，如 CPU 内存或磁盘，以在模型训练和推理过程中存储一些中间结果。

再次，我们希望缩小模型本身的大小，从而允许在每个训练迭代的每个批次中提供更多的训练输入。

最后，我们还将研究如何减少深度学习（deep learning，DL）模型参数中每个标量的位表示。

本章包含以下主题。

❑　冻结层。

❑　探索内存和存储资源。

❑　了解模型分解和蒸馏。

❑　减少硬件中的位数。

我们将首先了解层冻结技术在实际模型并行训练中的工作原理。然后，探索如何利用系统中的其他存储资源，减少每个 GPU 的模型大小，并连续减少模型的位表示。

8.1　技 术 要 求

本章将使用 PyTorch 作为默认实现平台。本章代码的主要库依赖如下。

❑　torch >= 1.7.1。

❑　transformers >= 4.10.3。

❑　cuda >= 11.0。

❑　torchvision >= 0.9.1。

❑　NVIDIA 驱动程序 >= 450.119.03。

必须预先安装正确版本的上述库。

8.2　冻 结 层

本章要介绍的第一种技术称为层冻结。从更高层次上来说，我们假设模型的不同层可能会在训练过程的不同阶段收敛。因此，可以冻结较早收敛的层。

在这里，冻结指的是以下两种操作。

❑　在前向传播期间放弃特定层的中间结果。

❑　避免在反向传播期间产生梯度。

图 8.1 为三层语言模型的简化示意图。

如图 8.1 所示，我们假设输入数据已经被标记化，可以直接输入到模型中，用于模型训练或模型服务阶段。这里有一个三层模型，每层都是一个独立的 Transformer 层，每个单独的 Transformer 层都分配在单独的 GPU 上。

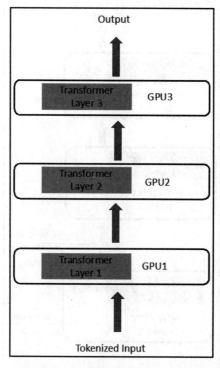

图 8.1　三层语言模型的简化示意图

原　　文	译　　文	原　　文	译　　文
Tokenized Input	已标记化的输入	Output	输出
Layer	层		

现在，让我们来看看如何在模型训练期间冻结完全训练的层。我们将首先阐释模型冻结在前向传播期间是如何工作的，然后再介绍如何通过在反向传播期间冻结层来降低计算成本。

8.2.1　在前向传播期间冻结层

在常规的前向传播期间，我们需要计算每一层的中间结果，如激活值/特征图。因此，对于每一层，需要做以下两件事情。

（1）计算当前层的中间结果。

（2）将层输出发送到后续 GPU。

上述两个步骤的详细说明如图 8.2 所示。

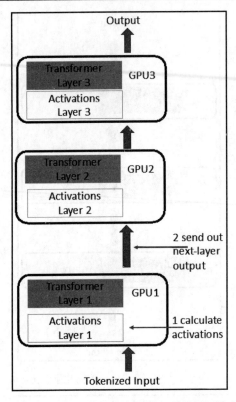

图 8.2　在前向传播期间生成激活和传播层输出

原　　文	译　　文
Tokenized Input	已标记化的输入
Activations	激活函数
Layer	层
calculate activations	计算激活值
send out next-layer output	将输出发送给下一层
Output	输出

　　如图 8.2 所示，对于每一层，我们都需要计算其本地的激活函数（如在 Layer 1 中为 Activation 1）。此外，还需要将激活值保存在每个 GPU 的本地内存中，这也就产生了内存消耗。

　　现在，假设经过若干次训练迭代，Layer 1 首先收敛，因此可以冻结 Layer 1。

　　我们要做的第一件事是减少保存 Layer 1 激活值的内存消耗。如图 8.3 所示，在为下一层生成输出后，即可放弃 Layer 1 的本地激活。

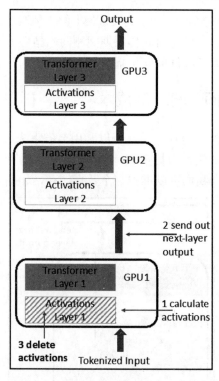

图 8.3　冻结 Layer 1 可以减少内存消耗

原　　文	译　　文
Tokenized Input	已标记化的输入
Activations	激活函数
Layer	层
calculate activations	计算激活
send out next-layer output	将输出发送给下一层
delete activations	删除激活
Output	输出

整个 Layer 1 冻结可以按以下 3 个步骤进行。

（1）在前向传播期间生成激活（与常规训练相同）。

（2）将层输出发送给 Layer 2（与常规训练相同）。

（3）删除本地激活（新添加的步骤）。

因此，通过在前向传播期间冻结 Layer 1，即可通过删除该层的本地激活来减少设备内存消耗（在图 8.3 中以斜线阴影框表示）。

图 8.3 在左下角添加了步骤 3，以删除 Layer 1 的本地激活。

本小节讨论了如何通过在模型前向传播期间删除冻结层上的激活来减少 GPU 内存消耗。接下来，我们将讨论如何降低前向传播过程中冻结层的计算成本。

8.2.2　在前向传播期间降低计算成本

由于减少了冻结层的内存消耗，因此可以利用节省下来的这一部分内存进行数据缓存。鉴于我们使用了相同的输入数据集训练模型，每个数据项将被重复，并在训练会话期间传递到模型中。因此，我们可以维护一个数据缓存，如图 8.4 所示。

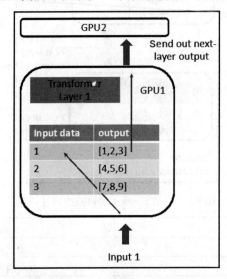

图 8.4　在冻结层的 GPU 内存中维护输入/输出（I/O）映射缓存

原　　文	译　　文	原　　文	译　　文
Input	输入	Layer	层
Input data	输入数据	Send out next-layer output	将输出发送给下一层
output	输出		

如图 8.4 所示，假设我们的训练数据集由 3 个不同的训练输入数据项组成。在整个数据集的第一轮训练中，我们会将输入数据标识符（identifier，ID）及其对应的下一层输出缓存在 GPU 内存中。

下次将相同的训练输入数据输入 GPU 时，不需要再次计算其对应的输出。相反，我们可以直接从第一轮训练保存的映射缓存中读取输出。

例如，在图 8.4 中，如果我们看到训练输入 Input 1 被发送到 GPU1，则执行以下步骤。

（1）搜索映射缓存以查看 Input 1 是否存在。

（2）如果存在，则直接从缓存中读取它对应的输出。

（3）直接发送相应的输出，而不用一遍遍地重复计算。

如果训练数据没有保存在缓存中，则可以计算其对应的输出，然后将(input id, output) 元组添加到缓存中。

通过执行上述步骤，可以获得以下好处。

❑　减少在 GPU 内保持冻结层激活的内存消耗。

❑　在训练期间遇到相同的输入数据时，避免在前向传播期间重新计算。

接下来，我们将讨论冻结层反向传播期间的优化。

8.2.3　在反向传播期间冻结层

和 8.2.1 节"在前向传播期间冻结层"一样，我们将首先说明在语言模型上进行常规反向传播期间的步骤。图 8.5 显示了 NLP 模型微调的常规反向传播。

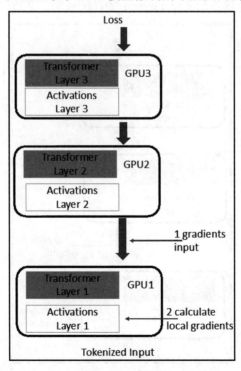

图 8.5　NLP 模型微调的常规反向传播

原　　文	译　　文	原　　文	译　　文
Tokenized Input	已标记化的输入	gradients input	梯度输入
Activations	激活函数	calculate local gradients	计算本地梯度
Layer	层	Loss	损失

如图 8.5 所示，在微调阶段 NLP 模型的反向传播过程中，首先需要计算损失（见图 8.5 的顶部）。

之后，我们将梯度从 GPU3 反向传播到 GPU2，再到 GPU1。实际上，对于每个 GPU，都将通过以下 3 个步骤进行本地梯度计算。

（1）从前一个 GPU 接收梯度输入。

（2）使用前一个 GPU 的梯度输入和它的本地激活值计算本地梯度。

（3）将梯度输出到下一个 GPU。

现在仍然假设我们可以冻结的层是 Layer 1，那么对于反向传播来说，将不再需要在 GPU1 上计算梯度，这样显然可以大量地节省计算，因为计算梯度通常比在前向传播期间计算激活更昂贵。

图 8.6 提供了反向传播期间冻结 Layer 1 的详细说明。

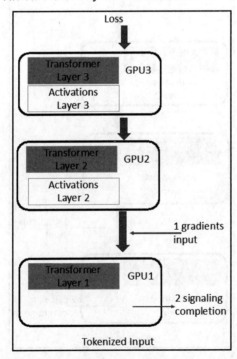

图 8.6　反向传播期间冻结层（Layer 1）的操作

原　　文	译　　文	原　　文	译　　文
Tokenized Input	已标记化的输入	gradients input	梯度输入
Activations	激活函数	signaling completion	发送已完成的信号
Layer	层	Loss	损失

如图 8.6 所示，由于在 Layer 1 的前向传播过程中放弃了激活，因此，GPU1 内部已经没有 Activation Layer 1 了。

在反向传播期间，GPU1 上冻结 Layer 1 的工作方式如下。

（1）从 GPU2 接收梯度输入。

（2）在完全接收到来自 GPU2 的梯度后，GPU1 向作业调度程序发出当前反向传播已完成的信号。

通过上述两个步骤，我们跳过了 GPU1 上的反向传播过程，而该过程通常需要很大的计算量。此外，由于忽略了 GPU1 上的反向传播，还节省了在 GPU1 上计算梯度的时间，因此缩短了每次迭代的整体训练时间。

人们普遍认为，使用层冻结技术可能会损害模型在测试准确率方面的性能。因此，在下一节中，我们将探索在模型并行训练和推理期间可以提高系统效率的其他技术。

8.3　探索内存和存储资源

本节将讨论在模型并行训练和推理期间提高系统吞吐量的另一种方法。

基于 GPU 的 DNN 训练的一大限制是设备内存大小，本节将通过利用系统内的其他存储资源（如 CPU 内存、硬盘驱动器等）来扩展 GPU 训练内存大小。

在开始讨论该技术的细节之前，不妨先来看看 CPU、GPU 和磁盘之间的互连，如图 8.7 所示。

如图 8.7 所示，对于 NVIDIA DGX-1、DGX-2 等高端硬件机器来说，其存储规格如下。

❑　GPU 内存通常约为 40 GB。

❑　CPU 内存（主内存）约为数百吉字节（GB），如 100～200 GB。

❑　磁盘存储量约为数十太字节（TB）。

在连接方面，GPU 和磁盘都通过 PCIe 总线与 CPU 连接，可以提供大约 10～15 GB/s 的数据传输速度。

如图 8.7 所示，CPU 内存和磁盘存储都远大于 GPU 内存大小。因此，如果在 DNN 模型训练期间 GPU 内存不足以维持一些中间结果，则可以将其移至 CPU 内存或磁盘。

需要使用这些数据块时，可以将它们从 CPU 内存或磁盘预取回 GPU 内存。

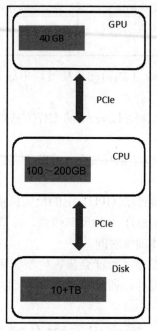

图 8.7　单台机器内的系统布局

原　　文	译　　文
Disk	磁盘

　　可以按照两个方向来利用 CPU 内存和磁盘存储：保存和加载。第一个方向是将数据保存到 CPU 内存或磁盘，而第二个方向则是将数据加载回 GPU 内存。为了将数据保存到 CPU 内存或磁盘，可以遵循如图 8.8 所示的数据管道。

　　如图 8.8 所示，可以通过 data.to(cpu)之类的函数调用轻松地将 GPU/计算统一设备体系结构（compute unified device architecture，CUDA）张量转换为 CPU 张量。如果 CPU 内存不够，则可以进一步将数据从 CPU 内存移动到磁盘，即调用 write(data)之类的文件写入函数将数据写入到磁盘的文件系统。

　　综上所述，为了在 GPU 上保存更多的中间结果，可执行以下操作。

　　（1）通过调用 data.to(cpu)将数据从 GPU 内存移动到 CPU 内存。

　　（2）在这个数据移动函数调用上同步并等待它完成。

　　（3）如果 CPU 内存仍不够，则可以通过调用 write(data)之类的文件写入函数让 CPU 将数据写入磁盘存储。

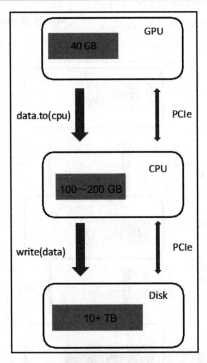

图 8.8　将数据保存到 CPU 内存或磁盘存储中

原　　文	译　　文
Disk	磁盘

（4）同步文件写入过程并等待它完成。

同样，一旦想要将外部数据读回 GPU 内存，则可以执行如图 8.9 所示的指令。它其实就是如图 8.8 所示的数据传输的反向传输。

简而言之，要将数据从磁盘/CPU 内存加载到 GPU 内存，需执行以下操作。

（1）如果数据在磁盘存储，则首先让 CPU 运行 read(data) 之类的文件读取函数，将数据从磁盘加载到 CPU 内存。

（2）同步并等待从磁盘到 CPU 内存的数据传输完成。

（3）将数据格式从 CPU 转换为 GPU，并将数据从 CPU 内存传输到 GPU 内存。

（4）同步并等待从 CPU 到 GPU 内存的数据传输完成。

通过如图 8.8 和图 8.9 所示的数据传输方案，可以将 GPU 内存大小扩展到 CPU 内存大小甚至磁盘容量大小。

此外，为了进一步加快这种数据传输过程，可以采用一些传统操作系统中使用的技术，如数据预取（data prefetching）。因此，在 GPU 真正想要使用数据之前，它会尝试预取数据。然后，GPU 可以在需要时对数据进行计算，而无须等待数据传输时间。

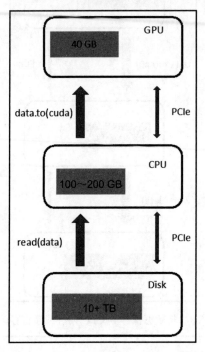

图 8.9　将数据从 CPU 内存或磁盘存储加载回 GPU 内存

原　　文	译　　文
Disk	磁盘

接下来，我们将讨论第三种优化方案，该方案试图将巨型模型分解成小块，而且不需要在它们之间进行通信。

8.4　了解模型分解和蒸馏

本节介绍的第三种技术称为模型分解和蒸馏（model decomposition and distillation）。

从更高层次上来说，模型分解就是试图将巨型模型分解成小的子网，并且最小化这些子网之间的通信。

对于每个 DNN，还可以通过执行模型修剪来进一步减小其大小，这也称为模型蒸馏（model distillation）。

现在我们将仔细论述这些技术。

8.4.1　模型分解

用于模型分解的最新方法之一是 sensAI，它几乎可以消除从巨型基础模型中拆分出来的子网之间的通信。

假设我们有一个经过完全训练的模型。为了便于理解，假设这里的 DNN 基础模型只是一个卷积神经网络（CNN），并且经过完全训练的基础模型用于猫和狗之间的图像分类。

图 8.10 描述了如何将此模型拆分为断开连接的子网。

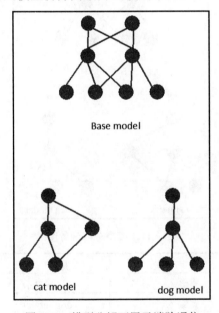

图 8.10　模型分解可用于消除通信

原　　文	译　　文	原　　文	译　　文
Base model	基础模型	dog model	狗模型
cat model	猫模型		

如图 8.10 所示，我们将基础模型拆分成了两个子网，假设基础模型（见图 8.10 的顶部）可以对猫和狗的图像进行分类。在模型拆分后，每个子网（见图 8.10 的底部）只能对猫或狗图像进行分类。

因此，通过这种分而治之的模型拆分，在模型训练和模型服务阶段，所有这些子网之间不需要进行通信（即零通信）。零通信这一特性非常重要，因为在传统的模型并行中，由于跨 GPU 通信而浪费了大量的时间。消除模型并行中所有模型分区之间的通信可以显著提高模型并行训练和服务的速度。

为了实现模型并行的这种零通信版本，需要经过若干步骤，这些步骤如图 8.11 所示。

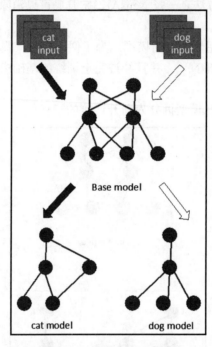

图 8.11　模型分解示意图

原　　文	译　　文	原　　文	译　　文
cat input	猫输入	cat model	猫模型
dog input	狗输入	dog model	狗模型
Base model	基础模型		

现在来具体看一下这些步骤。

（1）假设我们有一个经过完全训练的基础模型。

（2）将每一类（如狗）的训练数据传递到经过完全训练的基础模型中，然后收集被激发的神经元。

（3）拉取出那些被激发的神经元并为这个特定的类（狗）形成一个更小的子网。

如图 8.11 所示，按照上述步骤，我们可以将基础模型拆分为两个独立的猫和狗子网。至此，零通信模型拆分结束。

8.4.2　模型蒸馏

模型蒸馏与我们之前提到的模型分解方案是正交的。一般来说，给定任何模型，模型蒸馏都会尝试从模型中修剪掉多余的神经元。因此，通过采用模型蒸馏的方式可以进一步缩小模型大小。

图 8.12 为一个简单的模型蒸馏示意图。

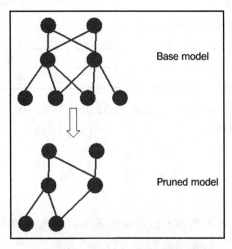

图 8.12　通过修剪进行模型蒸馏

原　　文	译　　文
Base model	基础模型
Pruned model	修剪之后的模型

如图 8.12 所示，我们定义了一些模型修剪标准，然后根据这些预定义的修剪标准确定是否修剪神经元。

在修剪步骤完成后，我们可以获得一个更小的模型，同时保持相同的功能。

8.5　减少硬件中的位数

最近的一项研究表明，使用更少的位来表示模型权重不会对模型的测试准确率产生显著影响。基于这一研究，我们可以使用更少的位来表示 DNN 模型中的每个权重值。图 8.13 显示了一个简单的示例。

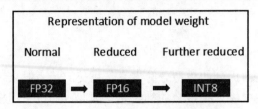

图 8.13　减少每个模型权重的位表示

原　　文	译　　文
Representation of model weight	模型权重的表示
Normal	正常
Reduced	简化
Further reduced	进一步简化

如图 8.13 所示，我们可以将位表示从 FP32 简化到 FP16，甚至还可以进一步减少位数，即从 FP16 简化到 INT8。

8.6　小　　结

本章主要讨论了如何在模型并行训练和服务中提高系统效率。

通读完本章之后，你应该能够在模型并行训练期间冻结一些层。此外，还可以使用 CPU 内存或磁盘作为 GPU 的外部数据存储。最后，你还应该掌握了一些模型分解、模型蒸馏和减少位表示等技术。

下一篇将讨论一些高级技术，如结合数据并行和模型并行。

第 3 篇

高级并行范式

本篇我们将学习一些基于传统的数据并行和模型并行方法之上的最新技术。首先，我们将阐释混合数据并行和模型并行的概念；其次，我们将讨论联合学习和边缘设备学习；再次，我们将讨论多租户集群或云环境中的弹性和并行模型训练/推理；最后，我们还将研究进一步加速并行模型训练和服务的高级技术。

本篇包括以下章节。

- ❑ 第 9 章，数据并行和模型并行的混合。
- ❑ 第 10 章，联合学习和边缘设备。
- ❑ 第 11 章，弹性模型训练和服务。
- ❑ 第 12 章，进一步加速的高级技术。

第 9 章　数据并行和模型并行的混合

一般来说，我们有两种不同的并行方案——数据并行和模型并行，它们各有优缺点。本章将尝试同时利用数据并行和模型并行，这可以称之为数据并行和模型并行的混合（hybrid of data parallelism and model parallelism）。

在进一步讨论之前，我们给出以下假设。

❑ 虽然 NVIDIA 的高级图形处理单元（GPU）现在支持多租户（multi-tenancy），但本章仍然假设一个作业占用整个 GPU。

❑ 当训练或服务作业开始运行时，不允许作业抢占或系统中断。

❑ 假设单一作业使用同质 GPU。

❑ 假设机器内 GPU 之间的互连是 NVLink 或 NVSwitch。

❑ 假设不同机器之间的链路使用传统的以太网或 InfiniBand（IB）。

❑ 假设机器内通信带宽（intra-machine communication bandwidth）高于机器间通信带宽（inter-machine communication bandwidth）。

❑ 假设有足够的 GPU 来运行深度神经网络（DNN）模型训练或模型服务作业。

❑ 虽然我们讨论的方法通常也可以应用于其他硬件加速器，如张量处理单元（tensor processing unit，TPU）和现场可编程门阵列（field-programmable gate array，FPGA），但是，我们的讨论仅限于基于 GPU 的 DNN 训练或服务工作负载。

本章主要关注两种同时使用数据并行和模型并行的最新技术。这两种混合的并行方案是来自 NVIDIA 的 Megatron-LM 和来自 Google 的 Mesh-TensorFlow。两者都广泛应用于工业和学术界。

首先，我们将讨论 Megatron-LM 中使用的技术以及它实现数据并行和模型并行混合的具体方式。

其次，我们将简要讨论如何使用 Megatron-LM。有关使用 Megatron-LM 的更多详细信息，可以访问我们列出的官方网站。

第三，我们将讨论 Mesh-TensorFlow 的核心思想以及它利用数据并行和模型并行的方式。

第四，我们还会简单介绍如何使用 Mesh-TensorFlow，并附上 Mesh-TensorFlow 官方用户手册的有用链接。

最后，我们将讨论使用这两种系统的优缺点。

本章包含以下主题。

❑ Megatron-LM 用例研究。

❑ Megatron-LM 的实现。

❑ Mesh-TensorFlow 用例研究。

❑ Mesh-TensorFlow 的实现。

❑ Megatron-LM 和 Mesh-TensorFlow 的优缺点比较。

现在，我们将首先阐释 Megatron-LM 的一般工作原理，然后讨论如何使用 Megatron-LM 进行 DNN 训练，之后再讨论 Mesh-TensorFlow 并对本章内容进行总结。

9.1　技 术 要 求

本章的实现平台将同时使用 PyTorch 和 TensorFlow。我们代码的主要库依赖如下。

❑ torch >= 1.7.1。

❑ tensorflow >= 2.6。

❑ mesh-tensorflow >= 0.0.5。

❑ pip > 19.0 (Ubuntu)。

❑ pip > 20.3 (macOS)。

❑ numpy >= 1.19.0。

❑ python >= 3.7。

❑ ubuntu >= 16.04。

❑ transformers >= 4.10.3。

❑ cuda >= 11.0。

❑ torchvision >= 0.10.0。

❑ NVIDIA 驱动程序 >= 450.119.03。

必须预先安装正确版本的上述库。

9.2　Megatron-LM 用例研究

Megatron-LM 是 NVIDIA 开发的大规模深度神经网络训练系统。它可以同时使用数据并行和模型并行。结合使用数据并行、模型并行和张量并行，Megatron-LM 可用于训练跨数千个 GPU 扩展的超大型基于 Transformer 的模型。

🔵 **提示：**

Megatron 这个名称和 Transformer 有关。Transformer 的寓意是"变形金刚"，而 Megatron 则是《变形金刚》中的大反派"威震天"，暗指它的功能很强大。

我们先来看看 Megatron-LM 如何使用模型并行来拆分模型，然后再讨论如何扩展它以使用数据并行。

9.2.1　模型并行和层拆分

本小节将说明 Megatron-LM 如何在多 GPU 机器中使用模型并行。让我们先来看一个简单的矩阵乘法用例。

通用矩阵乘法（general matrix multiply，GEMM）广泛用于语言模型的 DNN 层。假设我们有如图 9.1 所示的矩阵 A。

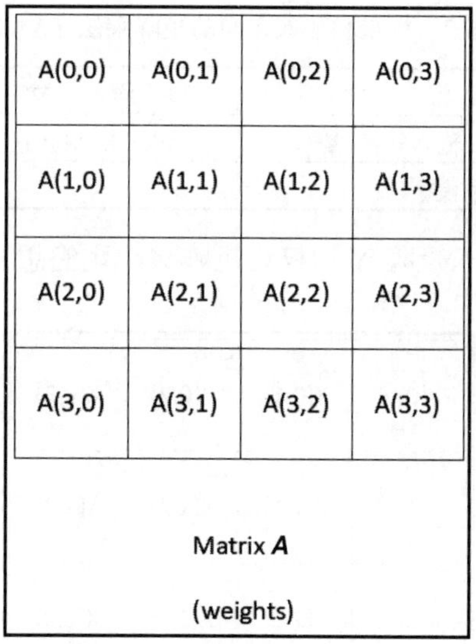

A(0,0)	A(0,1)	A(0,2)	A(0,3)
A(1,0)	A(1,1)	A(1,2)	A(1,3)
A(2,0)	A(2,1)	A(2,2)	A(2,3)
A(3,0)	A(3,1)	A(3,2)	A(3,3)

Matrix **A**

(weights)

图 9.1　语言模型中层的权重矩阵

原　　文	译　　文	原　　文	译　　文
Matrix *A*	矩阵 *A*	weights	权重

如图 9.1 所示，对于语言模型的一个特定层，有一个权重矩阵，称之为权重矩阵 A。A 是一个 4×4 的权重矩阵。

现在，假设我们有这个 DNN 层的一些输入数据，称该输入数据为 X。此时，我们需要执行的计算是 $X*A$，如图 9.2 所示。

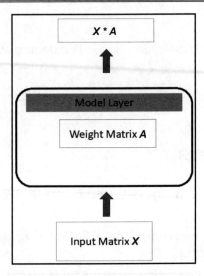

图 9.2　权重和输入之间的矩阵乘法（*X**A）

原　　文	译　　文	原　　文	译　　文
Input Matrix *X*	输入矩阵 *X*	Weight Matrix *A*	矩阵 *A* 权重
Model Layer	模型层		

如图 9.2 所示，给定输入矩阵 *X* 和权重矩阵 *A*，我们想要输出 *X**A。现在假设 *X* 矩阵的格式如图 9.3 所示。

X(0,0)	X(0,1)	X(0,2)	X(0,3)
X(1,0)	X(1,1)	X(1,2)	X(1,3)
X(2,0)	X(2,1)	X(2,2)	X(2,3)
X(3,0)	X(3,1)	X(3,2)	X(3,3)

Matrix *X*

(Input)

图 9.3　输入矩阵 *X*

原　　文	译　　文	原　　文	译　　文
Matrix X	矩阵 X	Input	输入

如图 9.3 所示，假设我们有一个 4×4 形状的输入矩阵 X。请注意，在实际应用中，X 矩阵的形状不需要与 A 矩阵的形状相匹配，这种层输入拆分方法可以直接应用于矩阵 A 和 X 形状不匹配的情况。

在计算 $X*A$ 之后，还可以在这个结果之上应用一些非线性函数。实际上，我们想要的最终输出是 y，公式如下：

$$y = \text{ReLU}(X * A)$$

接下来，让我们看看 Megatron-LM 如何拆分输入矩阵 X 和权重矩阵 A。

9.2.2　按行试错法

本小节将介绍一种试错法（trial-and-error approach），让我们先尝试拆分输入矩阵 X 和权重矩阵 A。

首先，按行拆分权重矩阵 A，如图 9.4 所示。

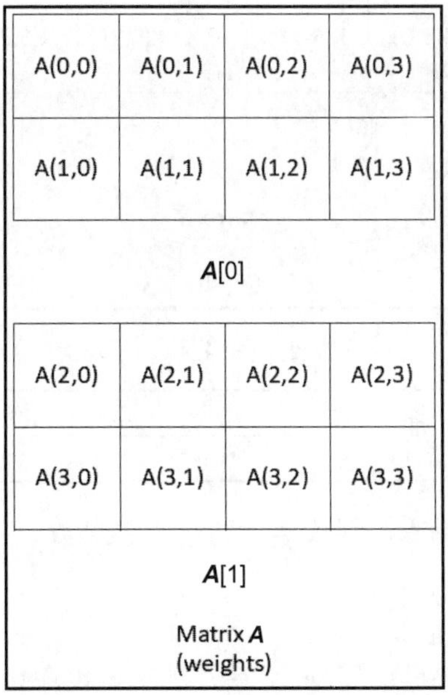

图 9.4　按行拆分权重矩阵 A

原　　文	译　　文	原　　文	译　　文
Matrix A	矩阵 A	weights	权重

如图 9.4 所示，我们按行拆分了权重矩阵 A，拆分发生在 row [1] 和 row [2] 之间。因此，矩阵 A 被分成以下两部分。

❑　A[0]包含 row [0,1]。

❑　A[1]包含 row [2,3]。

接下来，我们可尝试按列拆分输入矩阵 X。

给定输入矩阵 X，我们希望将前半部分的列组合在一起，然后将后半部分的列组合在一起，如图 9.5 所示。

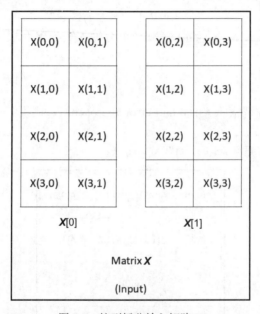

图 9.5　按列拆分输入矩阵 X

原　　文	译　　文	原　　文	译　　文
Matrix X	矩阵 X	Input	输入

如图 9.5 所示，我们将输入矩阵 X 拆分为以下两部分。

❑　X[0]包含 column [0][1]。

❑　X[1]包含 column [2][3]。

在拆分输入矩阵 X 和权重矩阵 A 之后，现在可以在这些拆分块之间并行进行矩阵乘法。

首先，第一部分的计算如下：

$$X[0] * A[0]$$

图 9.6 显示了 **X** 和 **A** 的哪些部分配对在一起。

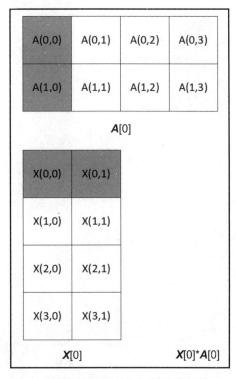

图 9.6　**X**[0]和 **A**[0]的矩阵乘法

X 的前半部分和 **A** 的前半部分的矩阵乘法如图 9.6 所示。实际上，我们需要将矩阵 **A**[0]的每一列与矩阵 **X**[0]的每一行相乘。

A[0]的第一列和 **X**[0]的第一行之间的乘积在图 9.6 中用灰色框表示。

类似地，我们可以对 **A**[1]和 **X**[1]进行相同的矩阵乘法，即：

$$X[1] * A[1]$$

该详细操作如图 9.7 所示。

从图 9.7 中可以看到，我们对输入矩阵 **X**[1]和权重矩阵 **A**[1]的后半部分执行了类似的矩阵乘法。

图 9.7 中的灰色框显示了第一个矩阵乘法运算，即 **X**[1]中第一行和 **A**[1]中第一列的矩阵乘法。

到目前为止，按照上述方式拆分矩阵乘法似乎是可行的。但是，如前文所述，我们可能还希望在矩阵乘法结果之上应用一些非线性函数，公式如下：

$$y = \text{ReLU}(\boldsymbol{XA})$$

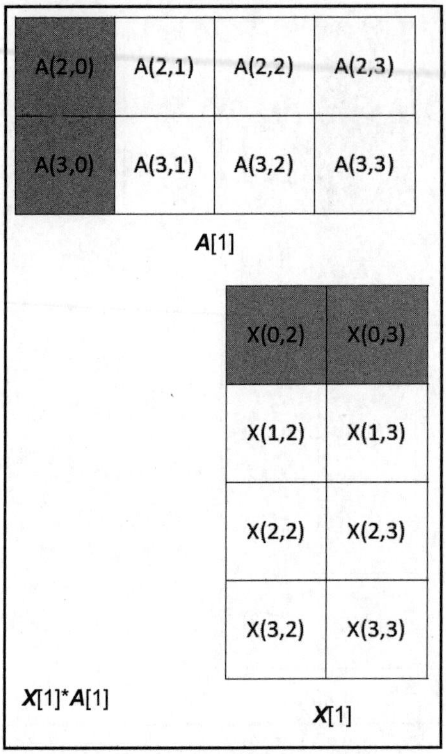

A(2,0)	A(2,1)	A(2,2)	A(2,3)
A(3,0)	A(3,1)	A(3,2)	A(3,3)

$\boldsymbol{A}[1]$

X(0,2)	X(0,3)
X(1,2)	X(1,3)
X(2,2)	X(2,3)
X(3,2)	X(3,3)

$\boldsymbol{X}[1]*\boldsymbol{A}[1]$　　　　　　　　　　　$\boldsymbol{X}[1]$

图 9.7　$\boldsymbol{X}[1]$ 和 $\boldsymbol{A}[1]$ 之间后半部分的矩阵乘法

现在，考虑到之前的拆分实现，我们可能会遇到一些问题，因为在矩阵拆分之后，会出现以下结果：

$$\boldsymbol{X}[0] * \boldsymbol{A}[0]$$
$$\boldsymbol{X}[1] * \boldsymbol{A}[1]$$

但是，如果在这些矩阵乘法结果之上应用 ReLU 非线性函数，则会得到以下结果：

$$y' = \text{ReLU}(\boldsymbol{X}[0] * \boldsymbol{A}[0]) + \text{ReLU}(\boldsymbol{X}[1] * \boldsymbol{A}[1])$$

给定非线性函数的定义，可得出以下结论：

$$y! = y'$$

综上，如果在末尾有一个非线性函数，则上述试错法可能行不通。因此，我们还需要找到其他的矩阵拆分方案。

9.2.3 按列试错法

对于第二种试错法，我们可尝试沿其列维度拆分权重矩阵，如图 9.8 所示。

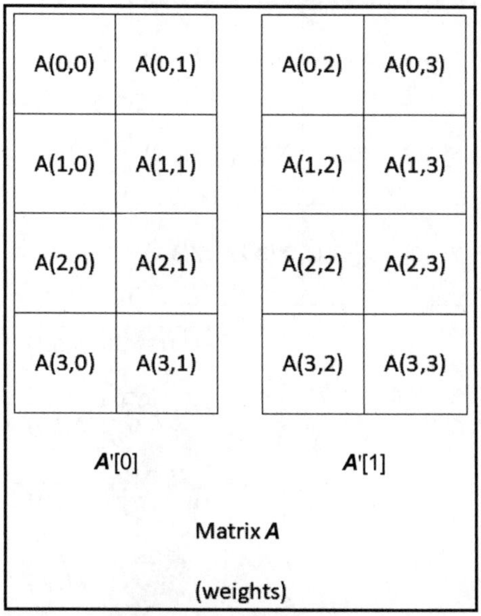

图 9.8 按列拆分权重矩阵

原　　文	译　　文	原　　文	译　　文
Matrix *A*	矩阵 *A*	weights	权重

从图 9.8 中可以看到，我们尝试沿其列（而不是行）拆分了权重矩阵 *A*。拆分后，可以得到以下结果。

❑ *A*'[0]包含 column[0]和 column[1]。

❑ *A*'[1]包含 column[2]和 column[3]。

在这种方法中，不必拆分输入矩阵 *X*，因为如果在两个不同的 GPU 上分配 *A*'[0]和 *A*'[1]，则可以通过在两个 GPU 上复制来共享 *X* 矩阵。

现在来看看如何在此设置中进行矩阵乘法。我们执行的是以下操作。

❑ 在列维度上拆分权重矩阵 *A*。

❑ 不拆分输入矩阵 *X*。

矩阵乘法的前半部分如下所示：

$$X * A'[0]$$

166·Python 分布式机器学习

图 9.9 以灰色框显示了该计算。

X(0,0)	X(0,1)	X(0,2)	X(0,3)	
X(1,0)	X(1,1)	X(1,2)	X(1,3)	*X*
X(2,0)	X(2,1)	X(2,2)	X(2,3)	
X(3,0)	X(3,1)	X(3,2)	X(3,3)	

A(0,0)	A(0,1)
A(1,0)	A(1,1)
A(2,0)	A(2,1)
A(3,0)	A(3,1)

A'[0]

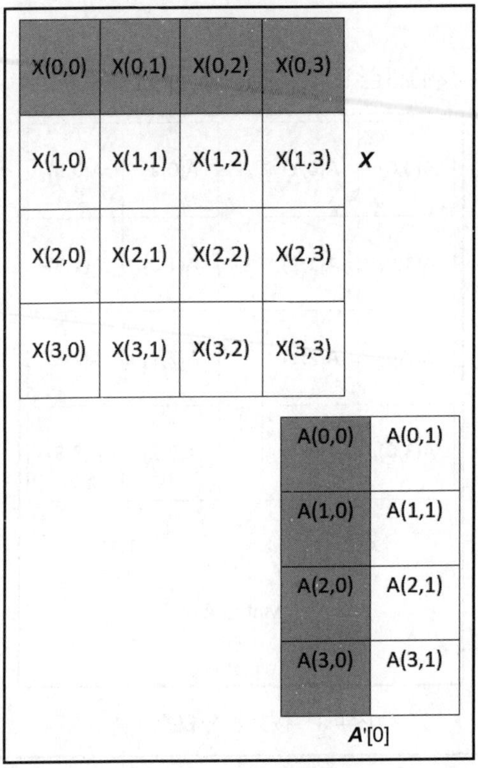

图 9.9　*X* 和 *A*'[0]的矩阵乘法

如图 9.9 所示，可以直接对 *X* 和 *A*'[0]进行矩阵乘法。图 9.9 中的灰色框显示了第一个矩阵乘法运算，实际上就是将 *X* 的第 0 行和 *A*'[0]的第 0 列的矩阵相乘。

类似地，可以对 *A* 的后半部分 *A*'[1]应用另一个矩阵乘法。

给定 *A*'[1]，可执行以下操作：

$$X * A'[1]$$

图 9.10 以灰色框显示了该计算。

如图 9.10 所示，我们可以计算 *X* 和 *A*'[1]之间的矩阵乘法。

现在我们得到了两个部分相乘的结果如下：

$$X * A'[0]$$

$$X * A'[1]$$

现在让我们讨论如何添加 ReLU 非线性函数。

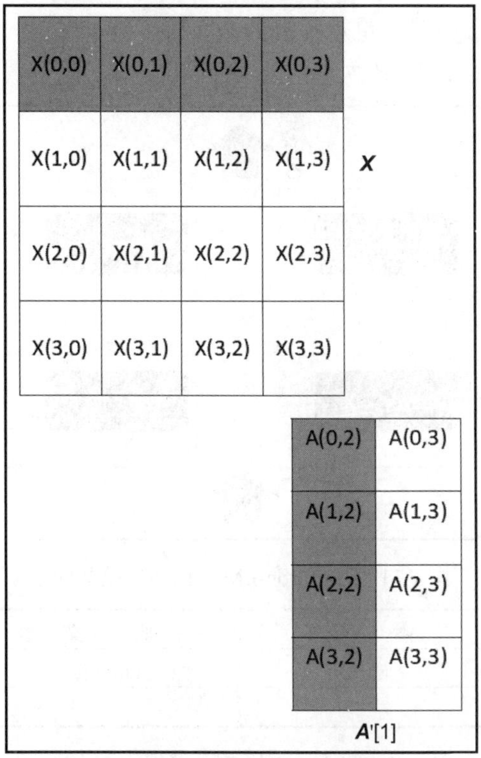

图 9.10　X 和 $A'[1]$ 的矩阵乘法

在上述矩阵乘法结果之上应用 ReLU 函数，可得到以下结果：

$$y'' = \mathrm{ReLU}(X * A'[0], X * A'[1])$$
$$= [\mathrm{ReLU}(X * A'[0]), \mathrm{ReLu}(X * A'[1])]$$

我们想要的原始输出值如下：

$$y = \mathrm{ReLU}(X * A)$$

由此可知：

$$y = y''$$

因此，这种层权重拆分是有效的。

基本上，这就是 Megatron-LM 对层内模型拆分所做的操作。对于梯度计算和一些批量归一化（batch normalization，batch norm）计算，Megatron-LM 会注入一个额外的单位矩阵或 All-Reduce 函数，以保证此层拆分与 DNN 训练的非拆分版本具有完全相同的功能。

所以，Megatron-LM 可以将模型拆分为以下两个维度。

❑　第一个维度是逐层拆分。

❑　第二个维度是层内的权重矩阵拆分。

图 9.11 显示了更详细的模型拆分。

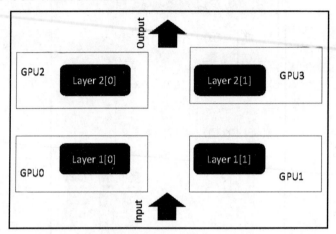

图 9.11　Megatron-LM 中的简化模型拆分

原　　文	译　　文	原　　文	译　　文
Input	输入	Output	输出
Layer	层		

如图 9.11 所示，假设有一个两层语言模型。给定 Megatron-LM 中的两个模型拆分维度，可以将这个两层模型拆分放到 4 个 GPU 上。其模型拆分概述如下。

❑　GPU0 包含 Layer 1 的前半部分，即 Layer 1[0]。

❑　GPU1 包含 Layer 1 的后半部分，即 Layer 1[1]。

❑　GPU2 包含 Layer 2 的前半部分，即 Layer 2[0]。

❑　GPU3 包含 Layer 2 的后半部分，即 Layer 2[1]。

因此，通过实现层内拆分和层间拆分，Megatron-LM 可以非常高效地将单个模型拆分放到多个 GPU 上。

接下来，我们将讨论如何在 Megatron-LM 的模型并行的基础上添加数据并行。

9.2.4　跨机数据并行

从更高层次上来说，Megatron-LM 是在分层结构中结合了数据并行和模型并行。此过程在如下两个级别上进行。

❑　对于一台机器内的多个 GPU，Megatron-LM 可执行模型并行，如图 9.11 所示。

❑ 对于跨机器情况，Megatron-LM 则可以使用数据并行来实现对不同输入批次的
并发训练。

由于机器内的模型并行在图 9.11 中已经说明，因此，我们仅关注如何在 Megatron-LM
中执行跨机器数据并行。

Megatron-LM 的混合数据模型并行如图 9.12 所示。

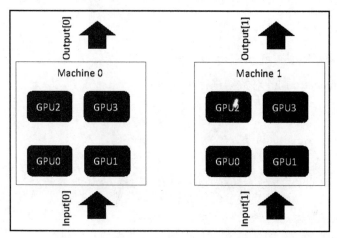

图 9.12　Megatron-LM 的混合数据模型并行

原　　文	译　　文	原　　文	译　　文
Input	输入	Output	输出
Machine	机器		

如图 9.12 所示，Megatron-LM 在跨机器情况下实现了数据并行。在这里，假设我们
有两台四 GPU 机器。因此，Megatron-LM 在两台机器内的 4 个 GPU 上进行了模型并行
训练，然后在两台机器之间进行了数据并行训练。

通过构建这种训练层次，Megatron-LM 可以同时实现数据并行和模型并行。

9.3　Megatron-LM 的实现

本节将简要讨论如何使用 Megatron-LM。有关 Megatron-LM 的更多详细信息，可以
阅读 Megatron-LM 的官方用户手册，其网址如下：

https://github.com/NVIDIA/Megatron-LM

请按以下步骤操作。

（1）要使用 Megatron-LM，需要安装一些经过预训练的检查点（checkpoint）：

```
# 下载 checkpoint
# 终端操作

wget --content-disposition \
    models/nvidia/megatron_lm_345m/ \
    versions/ \
    v0.1/zip \
    -0 \
    megatron_lm_345m_v0.1.zip
```

（2）使用 megatron-lm 对数据进行预处理：

```
# 预处理数据

python3 preprocess_data.py \
        --input xxx.json \
        --output-prefix my-model \
        --vocab bert-vercab.txt \
        --dataset-impl mmap \
        --split-sentences
```

（3）执行预训练：

```
# BERT 预训练

Checkpoint_path = checkpoint/bert_model

Vocab = bert-vocab.txt
Data_path = bert-text-sentence

Bert_args = --num_layer = 12 \
        --hidden_size = 512 \
        --lr = 0.01 \
        --epoch = 1000000 \
        --lr-decay = 990000 \
        --seq-length = 256 \
        --split 50,50,2 \
        -- min-lr = 0.00001 \
        --fp32
...
output_args= --log-interval 100 \
        --eval-iter 50 \
        --save-interval 300
...
```

```
python3 pretrain_bert.py \
       $Bert_args \
       $output_args \
       --save_path $checkpoint_path
...
```

通过应用上述设置并运行 pretrain_bert.py 文件，即可使用 Megatron-LM 对来自 Transformer 的双向编码器表示（bidirectional encoder representations from Transformer，BERT）进行模型训练。有关更多详细信息，可以通过访问本节开头发布的链接阅读其用户手册。

9.4　Mesh-TensorFlow 用例研究

Megatron-LM 很受欢迎，所以我们在前面的章节中详细讨论了它。本节我们将简要讨论另一种方法：Mesh-TensorFlow。

这种方法很容易理解。实际上，Mesh-TensorFlow 就是通过允许用户配置两个维度（即批次和模型维度）来混合数据并行和模型并行，如图 9.13 所示。

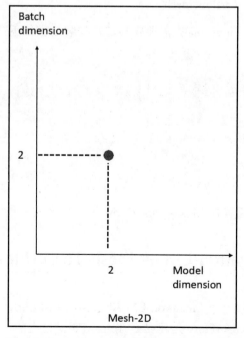

图 9.13　Mesh-TensorFlow 的二维（2D）并行

原　　文	译　　文	原　　文	译　　文
Batch dimension	批次维度	Model dimension	模型维度

如图 9.13 所示，Mesh-TensorFlow 允许用户在如下两个维度上设置并行。

❑ 批次维度：要训练多少个并发批次（数据并行）。

❑ 模型维度：模型上有多少拆分（模型并行）。

如图 9.13 所示，假设用户将批次维度设置为 2，模型维度设置为 2。这意味着将使用两个 GPU 进行模型并行训练，并且有两组这种双 GPU 模型并行。在这两组中，进行了数据并行训练。

相对来说，Megatron-LM 是一种更流行的解决方案，因此在这里我们只是简要讨论了 Mesh-TensorFlow。接下来，让我们看看使用 Mesh-TensorFlow 的实现。

9.5　Mesh-TensorFlow 的实现

有关 Mesh-TensorFlow 的详细用户手册，可访问以下网址：

https://github.com/tensorflow/mesh

要使用 Mesh-TensorFlow，首先需要安装它，安装步骤如下：

```
# 安装
# 第一步
pip3 install tensorflow

# GPU 支持
pip3 install tensorflow-gpu

# 第二步
pip3 install mesh-tensorflow
```

安装之后就可以直接使用 Mesh-TensorFlow 进行分布式张量操作了。

9.6　Megatron-LM 和 Mesh-TensorFlow 的比较

现在让我们简要比较一下 Megatron-LM 和 Mesh-TensorFlow。

一般来说，Mesh-TensorFlow 是建立在 TensorFlow 之上的，与基于 PyTorch 的解决方案相比，TensorFlow 并不是很流行。最重要的是，与 PyTorch 相比，TensorFlow 代码编写起来会更复杂一些。

从研究的角度来看，Mesh-TensorFlow 与 Megatron-LM 相比并不涉及大量研究。

综上所述，我们建议使用 Megatron-LM。

9.7 小　　结

本章讨论了混合数据并行和模型并行的高级技术。我们对 Megatron-LM 及其实现进行了用例研究，并且也对 Mesh-TensorFlow 及其实现进行了用例研究。最后，本章还比较了这两种系统的优缺点。

通读完本章之后，你应该已经明白 Megatron-LM 如何同时实现模型并行和数据并行，能够使用 Megatron-LM 启动你自己的 DNN 模型训练作业。此外，你也应该熟悉 Mesh-TensorFlow 的大致思路以及如何将其用于模型训练。

第 10 章将讨论联合学习。

第 10 章　联合学习和边缘设备

在讨论 DNN 训练时，我们主要关注使用 GPU 等加速器的高性能计算机或传统数据中心。联合学习则采用了不同的方法，尝试在边缘设备上训练模型，与 GPU 相比，这些设备的计算能力通常要低得多。

在进一步讨论之前，我们需要列出以下假设。

❑　假设移动芯片的计算能力远低于 GPU/TPU 等传统硬件加速器。

❑　假设电池电量有限，因此移动设备的计算预算通常也受限。

❑　假设移动设备的模型训练/服务平台不同于数据中心的模型训练/服务平台。

❑　假设用户不愿意直接与服务提供商共享其本地个人数据。

❑　假设移动设备和服务提供商之间的通信带宽是有限的。

❑　假设在服务器和移动设备之间的通信过程中可能存在高延迟或数据丢失。

❑　假设移动设备可能因断电而关闭。

❑　假设 DNN 训练/服务平台可以成功运行而没有任何系统能力问题。

❑　在 DNN 训练期间，假设用户可能有假阳性和假阴性样本。

本章将讨论一种新的分布式 DNN 训练和服务范式，称为联合学习（federated learning，也称为联邦学习）。从更高层次上来说，联合学习是指使用数百万部手机以完全分布式的方式集体训练和修改 DNN 模型。

首先，我们将讨论联合学习的基本概念及其应用场景。

其次，我们将通过在 TensorFlow Federated 平台上进行用例研究来说明它是如何工作的。

再次，我们将介绍边缘设备如何使用 TinyML 进行微型模型训练和服务。

最后，我们将对 TensorFlow Lite 进行用例研究，TensorFlow Lite 可用于在移动设备甚至更简单的物联网（internet of things，IoT）设备上部署 DNN 模型。

本章将详细阐释联合学习的工作原理，帮助你理解它与数据中心/GPU 上的传统 DNN 训练/服务平台有何不同。此外，还将论述如何使用 TensorFlow Federated 和 TensorFlow Lite 在你的手机或物联网设备上训练和部署微型 DNN 模型。

本章包括以下主题。

❑　共享知识而不共享数据。

❑　用例研究：TensorFlow Federated。

❑　使用 TinyML 运行边缘设备。

❑　用例研究：TensorFlow Lite。

10.1　技术要求

本章将使用 TensorFlow 及其相关平台作为实现平台。本章代码的主要库依赖如下所示。

❑　tensorflow >= 2.6。

❑　pip > 19.0。

❑　numpy >= 1.19.0。

❑　python >= 3.7。

❑　ubuntu >= 16.04。

❑　cuda >= 11.0。

❑　torchvision >= 0.10.0。

❑　Nvidia 驱动程序 >= 450.119.03。

必须预先安装上述库的正确版本。

10.2　共享知识而不共享数据

本节将讨论联合学习的基本概念。对于传统的分布式 DNN 训练，每个用户/节点都可以全局访问整个训练数据集。但是，在联合学习中，每个用户/节点都无法全局访问整个训练数据集。更具体地说，联合学习可以在不共享输入数据的情况下实现分布式和协作训练。

我们将首先简要介绍传统的数据并行训练，然后再讨论传统数据并行训练和联合学习之间的主要区别。

10.2.1　传统数据并行模型训练范式

现在让我们先来看一个使用参数服务器架构的传统数据并行训练的简单例子，如图 10.1 所示。

如图 10.1 所示，在传统的数据并行训练作业中，我们使用两台机器/GPU 作为两个工作节点，另外使用一台机器作为参数服务器。因此，Worker 1 和 Worker 2 共享相同的输入数据集。换句话说，它们中的每一个都具有整个输入数据的全局视图。

Worker 1 和 Worker 2 之间的唯一区别是每个工作节点都只提取整个输入数据的一个

不相交的子集作为它们当前的训练批次，但它们实际上都可以访问整个数据集。

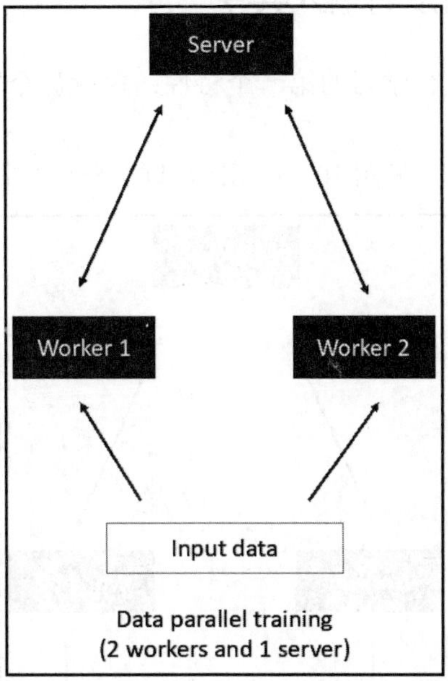

图 10.1　包含两个工作节点和一个服务器的传统数据并行训练

原　　文	译　　文	原　　文	译　　文
Server	服务器	Data parallel training	数据并行训练
Worker	工作节点	2 workers and 1 server	两个工作节点和一个服务器
Input data	输入数据		

这个简单的参数服务器架构通过以下步骤工作。

（1）每个工作节点拉取一些输入数据作为当前训练批次的输入。

（2）每个工作节点在本地训练它的模型。

（3）每个工作节点将其梯度提交给参数服务器。

（4）参数服务器聚合两个工作节点的梯度。

（5）参数服务器将聚合之后的梯度广播给两个工作节点。

（6）工作节点更新其本地模型参数。

在整个训练过程中，每个工作节点/服务器都会循环上述 6 个步骤，直至模型收敛。

与传统的数据并行训练相比，联合学习有以下两个主要区别。

❑　没有本地数据共享。

❑　工作节点之间的通信仅同步梯度。

让我们依次讨论这两个区别。

10.2.2　工作节点之间没有输入共享

现在让我们先来看看联合学习的第一个特性：保持每个用户本地数据的私密性，从不传递本地数据。

与传统的数据并行训练（见图 10.1）相比，联合学习方法如图 10.2 所示。

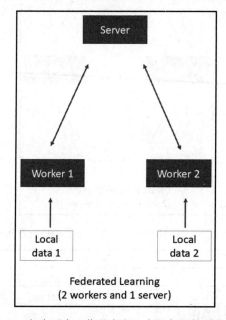

图 10.2　包含两个工作节点和一个服务器的联合学习

原　　文	译　　文	原　　文	译　　文
Server	服务器	Federated Learning	联合学习
Worker	工作节点	2 workers and 1 server	两个工作节点和一个服务器
Local data	本地数据		

如图 10.2 所示，与图 10.1 中的数据并行训练相比，联合学习中的每个工作节点都维护自己的本地数据，分别为 Local data 1 和 Local data 2，这两个工作节点从不共享输入数据。

因此，每台机器只能使用自己的本地数据进行本地模型训练。这种本地数据训练不足以训练一个好的 DNN 模型，主要原因如下。

❑　本地数据具有高偏差。

❑　本地数据的总规模太小，无法训练 DNN 模型。

如果没有与其他节点同步，那么在每个工作节点上训练的模型可能根本就没有用处。

因此，需要找出一些能够共享本地模型信息而不暴露其本地输入数据的通信方案。

10.2.3 在工作节点之间通信以同步梯度

为了解决在不共享输入数据的情况下共享信息的问题，联合学习将使用知识共享。知识共享可以通过以下两种方式进行。

- ❑ 共享本地模型权重。
- ❑ 共享本地梯度。

关于联合学习中服务器和工作节点之间的通信的一个事实是，它通常是不稳定的。因此，在每次训练迭代后共享本地梯度也许是不可能的，因为一些工作节点可能长时间无法访问服务器。所以，共享模型权重似乎是更好的选择。

在联合学习中，工作节点和服务器之间的通信工作如下。

（1）服务器将初始模型权重广播给所有工作节点。

（2）每个工作节点用自己的本地数据训练其本地模型。

（3）每个工作节点更新其本地模型权重。

（4）服务器从工作节点收集模型权重，然后更新全局模型权重。

整个通信都将按照上述 4 个步骤循环。

让我们先来看通信步骤（1），如图 10.3 所示。

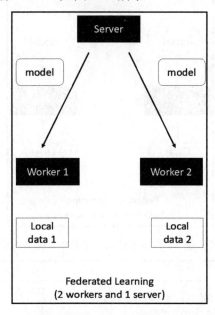

图 10.3 服务器向所有工作节点广播 DNN 模型

原　　文	译　　文
Server	服务器
model	模型
Worker	工作节点
Local data	本地数据
Federated Learning	联合学习
2 workers and 1 server	两个工作节点和一个服务器

　　如图 10.3 所示，服务器决定使用哪个模型后，会初始化模型参数，并将模型发送给系统中的所有工作节点。

　　每个工作节点成功接收到模型后，会在自己的设备上以本地方式部署模型，并开始准备本地训练数据。

　　接下来，让我们看看通信步骤（2），其中，每个工作节点使用本地数据训练其本地模型，如图 10.4 所示。

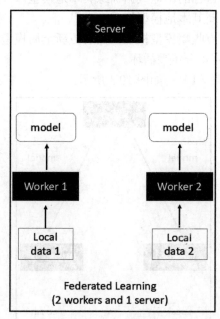

图 10.4　每个工作节点使用本地数据训练其本地模型

原　　文	译　　文
Server	服务器
model	模型

续表

原　　文	译　　文
Worker	工作节点
Local data	本地数据
Federated Learning	联合学习
2 workers and 1 server	两个工作节点和一个服务器

如图 10.4 所示，每个工作节点从服务器接收到模型后，将拉取本地数据集进行本地训练。

例如，Worker 1 将执行以下操作。

（1）拉取 Local data 1 作为训练输入。

（2）使用这个本地训练数据来训练从服务器接收到的模型。

Worker 2 的操作与 Worker 1 相同。

在本地训练迭代完成后，每个工作节点将定期更新其本地模型权重，如图 10.5 所示。

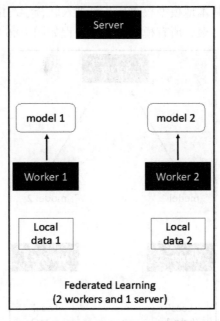

图 10.5　每个工作节点的本地模型更新

原　　文	译　　文
Server	服务器
model	模型

原　文	译　文
Worker	工作节点
Local data	本地数据
Federated Learning	联合学习
2 workers and 1 server	两个工作节点和一个服务器

如图 10.5 所示，每个工作节点使用自己的本地数据训练其本地模型后，再用自己的本地梯度更新基础模型。因此，与图 10.4 中的基础模型相比，现在图 10.5 中的每个工作节点的模型都是不同的。

更具体地说，如图 10.5 所示，在每个工作节点训练其本地模型并获得本地梯度后，将使用本地梯度来更新其本地模型参数。由于 Local data 1 和 Local data 2 不同，因此 Worker 1 和 Worker 2 的更新模型可能是不一样的。这些不同的模型版本可称为 model 1 和 model 2。

在每个工作节点更新其本地模型权重后，可进入联合学习中的通信步骤（4），即让服务器收集所有模型版本并聚合所有模型。整个过程如图 10.6 所示。

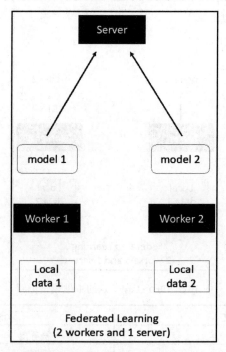

图 10.6　服务器从所有工作节点那里收集所有本地模型

原　　文	译　　文
Server	服务器
model	模型
Worker	工作节点
Local data	本地数据
Federated Learning	联合学习
2 workers and 1 server	两个工作节点和一个服务器

如图 10.6 所示，每个工作节点在生成自己的本地模型（见图 10.6 中的 model 1 和 model 2）后，服务器会执行以下操作。

（1）服务器收集所有工作节点的所有模型。

（2）服务器进行模型聚合。模型聚合其实非常简单，只要对所有工作节点的所有模型权重求平均就可以了。

（3）服务器将聚合模型广播给所有工作节点，这就回到了图 10.3 中所示的通信步骤（1）。

总而言之，在循环完 4 个通信步骤（见图 10.3～图 10.6）之后，即可让工作节点在不共享本地输入数据的情况下共享其知识（本地模型权重）。

接下来，我们将说明在 TensorFlow Federated 平台上的用例研究。

10.3　用例研究：TensorFlow Federated

本节将讨论 TensorFlow Federated（TFF）用例研究。

TFF 基于 TensorFlow，使 TensorFlow 能够进行联合学习。在使用 TFF 之前，需要先进行安装，安装命令如下：

```
# 安装
# 第一步
pip3 install tensorflow

# GPU 支持
pip3 install tensorflow-gpu

# 第二步
pip3 install tensorflow_federated
```

安装完成后，可以通过如下命令导入已安装的库来进行函数调用：

```
# 要使用 TensorFlow Federated
# 第一步
import tensorflow as tf

# 第二步
import tensorflow_federated as tff
```

在此之后，可以使用 TensorFlow 编写联合学习代码。

简而言之，TFF 主要有以下两层 API。

❑　Federated Learning（FL）API。

❑　Federated Core（FC）API。

在图 10.7 中，它们显示为最上面的两层。

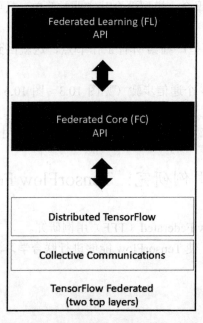

图 10.7　TFF 的两层（顶部两层）结构

原　　　文	译　　　文
Distributed TensorFlow	分布式 TensorFlow
Collective Communications	集体通信
TensorFlow Federated (two top layers)	TensorFlow Federated （上面 2 层）

如图 10.7 所示，TFF 由两层组成：Federated Learning API 层和 Federated Core

API 层。

Federated Learning API 层负责提供用户级 API，以帮助用户轻松使用它。

Federated Core API 层充当 Federated Learning API 和其他 TensorFlow API 之间的中间层。从更高层次上来说，Federated Core API 层可以将 Federated Learning API 转换为更详细和更复杂的 TensorFlow API。

更多信息可以参考以下 TFF 官网：

https://www.tensorflow.org/federated

接下来，我们将讨论另一个新概念，即 TinyML。

10.4　使用 TinyML 运行边缘设备

到目前为止，我们已经讨论了联合学习方法，使用该方法训练模型之后，即可部署训练好的模型并进行有效的模型推理/服务，这就引出了 TinyML 的概念。

边缘设备的部署硬件通常有很多限制，让我们看看这些限制以及如何解决它们。

❑　有限的电池电量：这意味着部署应该非常高效并且不能消耗大量电池电量。

❑　与服务器的连接不稳定：这意味着当设备无法连接到服务器时，我们需要保证模型仍然可用。

❑　通信延迟高：这意味着如果发生紧急情况，部署在设备上的模型可以处理它，而无须与中央服务器协调。

❑　数据的本地性：这意味着我们需要对每个设备的本地数据保密，并且绝不允许本地数据与其他设备进行通信。

上述 4 个挑战是 TinyML 的主要要求。接下来，我们将逐一讨论 TensorFlow Lite 如何处理上述所有挑战。

10.5　用例研究：TensorFlow Lite

鉴于 TinyML 中定义的 4 个挑战，TensorFlow 团队为 TinyML 实现了一个名为 TensorFlow Lite 的特定平台。

现在让我们逐一谈谈 TensorFlow Lite 如何处理 TinyML 的每一项挑战。

首先，为了降低总功耗，TensorFlow Lite 可以在不维护以下元数据的情况下运行模型。

❑　层依赖项。

❑　　计算图。

❑　　持有中间结果。

其次，为了避免不稳定的连接问题，TensorFlow Lite 删除了服务器和设备之间所有不必要的通信。一旦模型部署在设备上，中央服务器和部署的设备之间通常不需要特定的通信。

再次，为了减少通信的高延迟，TensorFlow Lite 可通过执行以下操作来实现更快的（实时）模型推理。

❑　　减少代码占用。

❑　　直接将数据输入模型，因为数据不需要拆包。

最后，为了保证数据的本地性，TensorFlow Lite 主要针对模型推理阶段。这意味着每个设备上的本地数据只传递到设备的本地模型中进行推理，而部署模型的设备之间则根本不进行任何通信。

更多信息可参考 TensorFlow Lite 官网，其网址如下：

https://www.tensorflow.org/lite

10.6　小　　结

本章主要讨论了一种分布式机器学习的新方法，即联合学习。联合学习的关键概念是它可以在不共享每个工作节点的本地数据的情况下实现协作模型训练。因此，联合学习使得数据隐私应用程序（如多家银行的应用）可以协作训练用于欺诈检测的模型。

通读完本章之后，你应该理解了联合学习如何通过共享知识而不共享真实数据来工作，知道了如何使用 TFF 平台进行联合学习。此外，还应该了解了 TinyML 的概念及其要求，明白了 TensorFlow Lite 如何满足 TinyML 的所有要求。

第 11 章将学习弹性模型训练和服务。

第 11 章　弹性模型训练和服务

分布式 DNN 训练的一大挑战是确定用于单个训练或推理作业的 GPU 或加速器数量。如果为单个作业分配太多 GPU，则可能会浪费计算资源；如果为特定作业分配的 GPU 太少，又可能会导致训练时间过长。此外，这种 GPU 数量的选择问题也与在整个 DNN 训练期间选择相应的超参数（如批次大小和学习率）高度相关。如何选择合适数量的加速器是本章讨论的重要主题。此外，本章还将相应地探索超参数调优。

在进一步讨论之前，我们需要列出以下假设。

❑　假设你有无限数量的 GPU 或 TPU 或其他加速器可用于 DNN 训练和推理。

❑　假设你使用同构 GPU 或其他类型的加速器。

❑　假设你需要调整单个作业训练期间要使用的 GPU 数量。

❑　假设你有较低的跨机器通信带宽和较高的机器内通信带宽。

❑　不允许作业抢占或作业中断。

❑　每个训练/服务作业都专门使用整个 GPU，这意味着不同作业之间没有资源共享。

❑　假设你在训练过程中调整了批次大小和学习率。

❑　假设你拥有用于机器间和机器内通信的全部带宽。

❑　假设你选择的批次大小不会导致内存不足错误。

❑　假设你已选择将导致模型收敛的批次大小。

本章将主要讨论分布式 DNN 训练和推理中的系统效率主题。更具体地说，本章将讨论分布式机器学习工作负载的自适应资源分配。

首先，我们将通过 Pullox 系统的用例研究来讨论弹性模型训练。

其次，我们将提供在 AWS 等公有云中进行弹性模型训练的实现说明。

再次，我们将讨论弹性模型服务的概念。

最后，我们将更多地讨论无服务器计算，这是弹性模型训练和推理的一个很好的用例。

本章将阐释什么是自适应模型训练，以及如何调整用于单个作业的 GPU 数量。你将理解如何在 GPU 数量发生变化时调整学习率和批次大小。对于模型推理，你将学习如何进行弹性模型服务，以及如何使用无服务器计算进行弹性模型训练和服务。

本章包含以下主题。

❑　自适应模型训练介绍。

❑　在云端实现自适应模型训练。

❑　模型推理中的弹性服务。

❑　无服务器。

现在，我们将首先讨论自适应模型训练，在深入了解细节之前，让我们先来看一下本章的技术要求。

11.1　技　术　要　求

本章将使用 PyTorch 及其相关平台作为实现平台。本章代码的主要库依赖如下所示。

❑　torchtext >= 0.5.0。

❑　portpicker >= 1.3.1。

❑　pytest-aiohttp >= 0.3.0。

❑　pip > 19.0。

❑　numpy >= 1.19.0。

❑　python >= 3.7。

❑　ubuntu >= 16.04。

❑　cuda >= 11.0。

❑　torchvision >= 0.10.0。

❑　NVIDIA 驱动程序 >= 450.119.03。

必须预先安装正确版本的上述库。

11.2　自适应模型训练介绍

本节将讨论弹性模型训练。在以下各小节中，"自适应"（adaptive）和"弹性"（elastic）这两个词可以互换使用，因为它们具有相似的含义。

自适应模型训练是指可以在训练过程中更改 GPU 的数量。为了更好地说明在训练过程中改变 GPU 数量的含义，我们将首先阐释传统的分布式 DNN 训练是如何使用固定数量的 GPU 进行工作的。

11.2.1　传统的数据并行训练

在传统的分布式数据并行训练中，可以将训练作业分配给固定数量的 GPU，如图 11.1 所示。

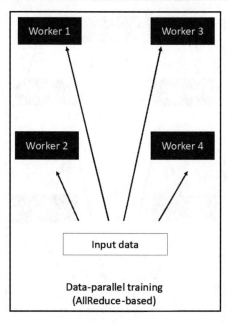

图 11.1　基于 All-Reduce 的数据并行训练（有 4 个工作节点）

原　　文	译　　文
Worker	工作节点
Input data	输入数据
Data-parallel training	数据并行训练
AllReduce-based	基于 All-Reduce

如图 11.1 所示，这是一种基于 All-Reduce 的数据并行训练范式。在此设置中，将工作节点的数量固定为 4 个。因此，对于每次训练迭代，将执行以下操作。

（1）将 4 个批次的输入数据输入 4 个不同的 GPU。

（2）每个 GPU 都执行本地模型训练。

（3）所有 GPU 都使用 All-Reduce 函数进行模型同步。

（4）循环上述 3 个步骤。

当然，如上述示例所示，在进行模型训练之前，GPU 的数量是固定的，并且在整个模型训练会话中使用的 GPU 数量都将保持不变。

对于基于参数服务器的数据并行训练，还需要在进行模型训练之前预先分配固定数量的 GPU。基于参数服务器的数据并行训练如图 11.2 所示。

如图 11.2 所示，在基于参数服务器的数据并行训练中，首先需要固定使用的 GPU 数量。在这里，我们选择了 4 个 GPU。然后，执行以下步骤。

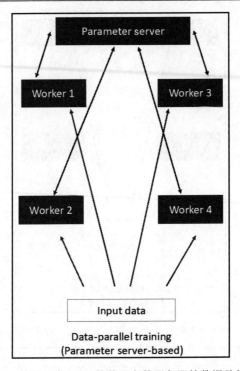

图 11.2　使用 4 个 GPU 的基于参数服务器的数据并行训练

原　　文	译　　文
Parameter server	参数服务器
Worker	工作节点
Input data	输入数据
Data-parallel training	数据并行训练
Parameter server-based	基于参数服务器

（1）将不同的输入数据批次送入不同的 GPU。

（2）每个 GPU 都执行本地模型训练。

（3）所有 GPU 与参数服务器通信，以提交其本地梯度。

（4）参数服务器聚合来自所有 GPU 工作节点的所有本地梯度并更新模型。

（5）参数服务器将更新后的模型权重同时广播给所有 GPU 工作节点。

（6）循环上述 5 个步骤。

　　与基于 All-Reduce 的数据并行训练类似，在基于参数服务器的数据并行训练中，我们也需要在进行任何训练作业之前固定使用的 GPU 数量。对于每个训练作业来说，在整个模型训练期间使用的 GPU 数量也是固定的。

11.2.2 数据并行中的自适应模型训练

相比之下，自适应模型训练可能会改变 DNN 训练过程中使用的 GPU 数量。

这个过程可以简化为两个阶段。我们将训练迭代的前半部分称为早期阶段（early stage），而将训练迭代的后半部分称为后期阶段（late stage）。分布式 DNN 训练有如下两个普遍认可的经验法则。

❑ 应该在训练工作的早期阶段使用较大的学习率和较小的批次大小。

❑ 应该在训练工作的后期阶段使用较小的学习率和较大的批次大小。

因此，可以得出以下结论。

❑ 在训练迭代的前半部分，由于需要较小的批次大小，因此可以使用更少的 GPU。

❑ 在训练迭代的后半部分，由于需要较大的批次大小，因此应该使用更多的 GPU。

综上，通过调整在 DNN 训练过程中使用的 GPU 数量，可以更有效地使用 GPU。

11.2.3 自适应模型训练（基于 All-Reduce）

为了更好地说明上述思路，让我们先以基于 All-Reduce 的数据并行训练为例。

自适应模型训练包含两个阶段。第一阶段是早期阶段，我们应该使用更少的 GPU（即工作节点）。图 11.3 描述了其早期训练过程。

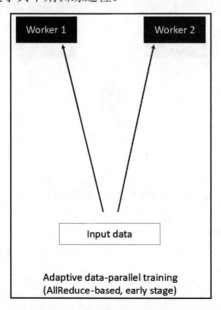

图 11.3 早期阶段的自适应数据并行训练（基于 All-Reduce）

原　　文	译　　文
Worker	工作节点
Input data	输入数据
Adaptive data-parallel training	自适应数据并行训练
AllReduce-based, early stage	基于 All-Reduce，早期阶段

　　如图 11.3 所示，在自适应 DNN 训练的早期阶段，我们并没有像图 11.1 那样使用 4 个 GPU，而是只使用了两个 GPU。由于早期阶段通常只需要小批次进行训练，因此这样设置可以节省计算成本。

　　在自适应 DNN 训练的后期阶段（第二阶段），由于选择了较小的学习率，需要更大的批次进行并行训练，因此应该同时使用更多的 GPU。

　　图 11.4 描绘了基于 All-Reduce 的自适应训练的后期阶段。

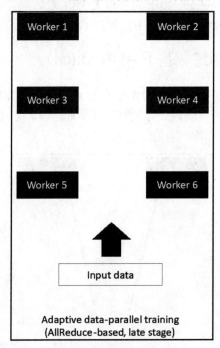

图 11.4　后期阶段的自适应数据并行训练（基于 All-Reduce）

原　　文	译　　文
Worker	工作节点
Input data	输入数据
Adaptive data-parallel training	自适应数据并行训练
AllReduce-based, late stage	基于 All-Reduce，后期阶段

如图 11.4 所示，由于在 DNN 训练的后期阶段需要大批次数据并行训练，因此我们可能会使用更多的 GPU。在这里选择了在后期阶段使用 6 个 GPU 进行大批次数据并行训练。

请注意，与图 11.1 中的固定 GPU 数量的解决方案相比，自适应训练解决方案使用了相同数量的计算资源。由于在早期阶段使用了两个 GPU（而不是图 11.1 中所示的 4 个），因此我们可以将 4 个 GPU 加上在早期阶段节省的两个 GPU 一起使用，将这 6 个 GPU 用于后期的大批次数据并行训练，以加快训练速度。

11.2.4　自适应模型训练（基于参数服务器）

现在来看看基于参数服务器的自适应模型训练。类似地，这里我们也可以将整个训练会话分为如下两部分。

❑　早期阶段（训练迭代的前半部分）。

❑　后期阶段（训练迭代的后半部分）。

图 11.5 描述了基于参数服务器的自适应数据并行训练的早期阶段。

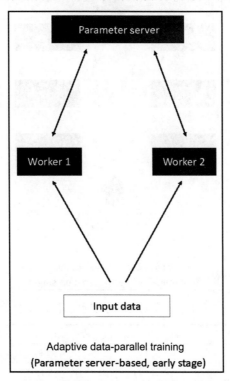

图 11.5　参数服务器范式中的自适应训练（早期阶段）

原　　文	译　　文
Parameter server	参数服务器
Worker	工作节点
Input data	输入数据
Adaptive data-parallel training	自适应数据并行训练
Parameter server-based, early stage	基于参数服务器，早期阶段

　　如图 11.5 所示，在参数服务器范式中，其自适应训练过程的早期阶段也可以选择使用小批次。因此，在早期训练阶段我们使用了较少的工作节点（两个）。

　　类似地，对于基于参数服务器的 DNN 训练的后期阶段，我们也可以选择使用更多的GPU，如图 11.6 所示。

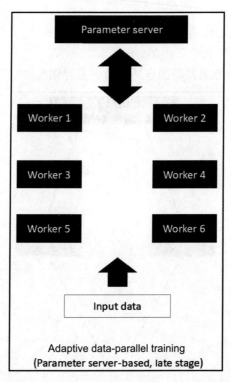

图 11.6　参数服务器范式中的自适应训练（后期阶段）

原　　文	译　　文
Parameter server	参数服务器
Worker	工作节点
Input data	输入数据

续表

原　　文	译　　文
Adaptive data-parallel training	自适应数据并行训练
Parameter server-based, late stage	基于参数服务器，后期阶段

如图 11.6 所示，我们需要更大的批次进行后期 DNN 训练。因此，可以选择使用 6 个 GPU（即工作节点）。

简而言之，通过使用自适应数据并行训练，可以提高模型的收敛速度，因此也可以加快端到端 DNN 训练过程。同时，使用的计算资源并没有增加，而是与固定 GPU 数量的解决方案类似。

接下来，我们将讨论传统模型并行训练的工作原理，以及如何将自适应模型训练纳入模型并行中。

11.2.5　传统的模型并行训练范式

现在先来看看传统的模型并行训练范式。

在传统的模型并行训练中，需要先固定使用的 GPU 数量。传统的模型并行训练过程如图 11.7 所示。

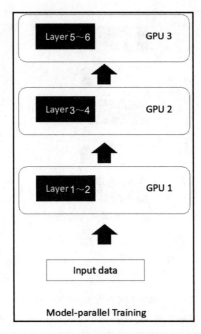

图 11.7　6 层 DNN 模型的模型并行训练

原　文	译　文	原　文	译　文
Model-parallel Training	模型并行训练	Layer	层
Input data	输入数据		

　　如图 11.7 所示，在传统的模型并行训练中，需要先确定要使用的 GPU 数量。在这里，我们选择使用 3 个 GPU。由于有一个 6 层的 DNN 模型，因此可将模型拆分如下。

- ❑　在 GPU 1 上分配 Layer 1 和 Layer 2。
- ❑　在 GPU 2 上分配 Layer 3 和 Layer 4。
- ❑　在 GPU 3 上分配 Layer 5 和 Layer 6。

　　在整个训练过程中，我们将使用这些固定数量的 GPU（见图 11.7 中的 3 个 GPU），并且无法在训练过程中调整使用的 GPU 数量。

11.2.6　模型并行中的自适应模型训练

　　现在让我们来讨论自适应模型并行训练的工作原理。

　　与自适应数据并行训练类似，这里也可以将训练过程简化为两个阶段：早期阶段和后期阶段。

　　在早期阶段，我们将监控每一层的训练过程，如图 11.8 所示。

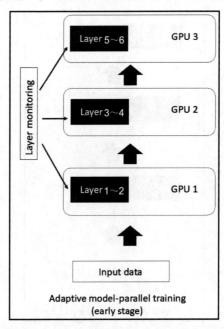

图 11.8　自适应模型并行训练的早期阶段

原　文	译　文
Layer	层
Input data	输入数据
Adaptive model-parallel training	自适应模型并行训练
early stage	早期阶段
Layer monitoring	层监控

如图 11.8 所示，在自适应模型训练阶段有一个层监控模块，它将监控某个层是否收敛。确定收敛的标准非常简单，如下所示。

❑　如果梯度几乎为零，则表示该层已收敛。

❑　否则，该层未收敛。

在早期阶段完成之后，进入后期训练之前，需要确定已经收敛的层，这样就可以冻结这些层。详细实现如图 11.9 所示。

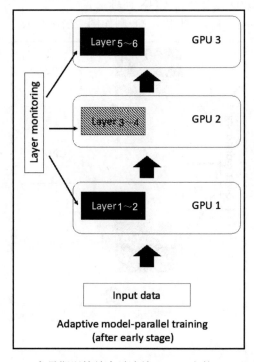

图 11.9　在早期训练结束时冻结 GPU 2 上的 Layer 3～4

原　文	译　文
Layer	层
Input data	输入数据

续表

原　　文	译　　文
Adaptive model-parallel training	自适应模型并行训练
after early stage	早期阶段之后
Layer monitoring	层监控

如图 11.9 所示，在早期训练结束后，首先确定已经收敛的层。在这里，假设 GPU 2 上的 Layer 3 和 Layer 4 已经收敛。因此，可以冻结这两层。然后，尝试结合自适应模型并行训练，以在后期训练中使用更少的 GPU。

它的工作原理如下。

（1）冻结已经收敛的层，这意味着对于以后的训练，这些层不会产生激活。

（2）将这些已经冻结的层与其他 GPU 合并，以清空最初持有这些冻结层的 GPU。

（3）使用较少的 GPU 进行后期 DNN 训练。

图 11.9 显示的是步骤（1）。步骤（2）则如图 11.10 所示。

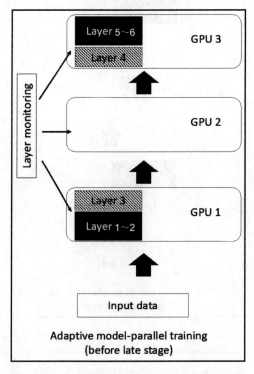

图 11.10　在后期阶段开始前的自适应模型训练

原　　文	译　　文
Layer	层
Input data	输入数据
Adaptive model-parallel training	自适应模型并行训练
before late stage	后期阶段之前
Layer monitoring	层监控

如图 11.10 所示，通过将 GPU 2 上的冻结层拆分并分配到 GPU 1 和 GPU 3，现在清空了 GPU 2 上的模型分区。此时，可以将 GPU 2 从训练作业中移除，并使用更少的 GPU 进行后期阶段的训练。

后期阶段的自适应模型并行训练如图 11.11 所示。

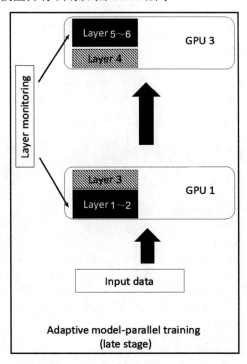

图 11.11　后期阶段的自适应模型并行训练

原　　文	译　　文
Layer	层
Input data	输入数据
Adaptive model-parallel training	自适应模型并行训练

续表

原　　文	译　　文
late stage	后期阶段
Layer monitoring	层监控

如图 11.11 所示，通过从训练作业中移除 GPU 2，现在可以在训练作业的后期阶段使用更少的 GPU。

接下来，我们将简要讨论自适应模型训练的实现。

11.3　在云端实现自适应模型训练

本节我们将讨论如何在 AWS 上使用 PyTorch 实现自适应模型训练。

首先我们需要安装相应的 Python 包：

```
# 安装
pip3 -m pip install adaptdl
```

一旦包安装成功，即可使用它来进行自适应和分布式 DNN 训练：

```
# 导入包
import adaptdl

# 初始化处理组
adaptdl.torch.init_process_group("MPI")

# 将模型包装到 adaptdl 版本
model = adaptdl.torch.AdaptiveDataParallel(model, optimizer)

# 将数据加载器包装到 adaptdl 版本
dataloader = adaptdl.torch.AdaptiveDataLoader(dataset, batch_size = 128)

# 开始自适应 DNN 训练
remaining_epoch = 200
epoch = 0

for epoch in adaptdl.torch.remaining_epochs_until(remaining_epochs)
...
train(model)
...
```

我们需要使用 adaptdl 版本包装模型和输入数据。然后，可以进行正常的 DNN 训练，adaptdl 将在后台处理如何进行自适应 DNN 训练。

有关如何使用 adaptdl 的详细信息，可访问其官方 GitHub 页面，其网址如下：

https://github.com/petuum/adaptdl

接下来，让我们看看弹性模型推理。

11.4　模型推理中的弹性服务

模型完全训练后，即可将其用于并行模型推理。然而，传统的模型推理还需要预先定义有多少个工作节点/GPU 用于服务作业。

在这里，我们将讨论弹性模型服务的简单解决方案。其工作方式如下。

❑　如果并发推理输入的数量较多，则可以使用更多的 GPU 来完成该模型服务作业。

❑　如果并发推理输入的数量较少，则可以减少使用的 GPU 数量。

例如，现在我们已经收到了 4 个并发的模型服务查询，如图 11.12 所示。

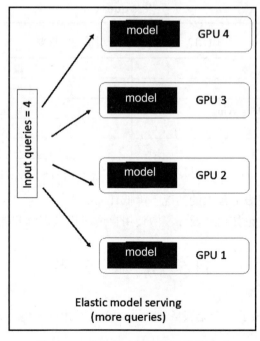

图 11.12　服务于更多查询的弹性模型

原　　文	译　　文
model	模型
Elastic model serving	弹性模型服务
more queries	更多查询
Input queries = 4	输入查询为 4

　　如图 11.12 所示，如果有更多的查询，则可以使用更多的 GPU 来完成并发模型服务，以减少模型服务延迟。

　　相反，如果模型推理服务查询较少，如只有一个查询，则可以减少使用的 GPU 数量，如图 11.3 所示。

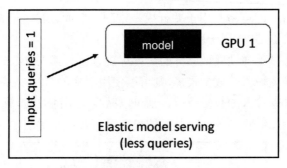

图 11.13　较少查询服务时的弹性模型

原　　文	译　　文
model	模型
Elastic model serving	弹性模型服务
less queries	较少查询
Input queries = 1	输入查询为 1

　　如图 11.13 所示，在只有一个查询的情况下，可以将使用的 GPU 数量减少到一个，这样可以在不增加模型服务延迟的情况下降低计算成本。

　　接下来，我们将讨论如何在云环境中使用自适应模型训练和弹性模型服务。

11.5　无 服 务 器

　　请注意，AWS 提供了一个无服务器（serverless）计算环境，非常适合我们目前讨论的这种自适应方案。

实际上，如果想要使用更多的 GPU，可以从 AWS Lambda 中查询更多的并发计算资源；同样，如果想要使用更少的 GPU，则可以从 AWS Lambda 中查询更少的并发计算资源。

11.6　小　　结

本章主要讨论了自适应模型训练和弹性模型服务。从较高层次上来说，我们可以调整在模型训练或服务会话中使用的工作节点/GPU 的数量。

通读完本章后，你应该了解了在数据并行和模型并行中自适应 DNN 训练的工作原理，还应该能够使用 adaptdl 库实现自适应模型训练。此外，你应该了解了弹性模型服务的工作原理，以及如何使用 AWS 无服务器计算环境来处理计算资源请求。

第 12 章将讨论用于 DNN 训练和服务加速的更高级技术。

第 12 章　进一步加速的高级技术

到目前为止，我们已经讨论了所有主流的分布式深度神经网络（DNN）模型训练和推理方法，本章将介绍一些可以与这些方法一起使用的高级技术。

本章将主要讨论可普遍应用于 DNN 训练和服务的高级技术。更具体地说，本章将探讨通用性能调试方法，如内核事件监控、作业多路复用和异构模型训练等。

在进一步讨论之前，我们需要列出以下假设。

❏　默认情况下，我们将使用同构 GPU 或其他加速器进行模型训练和服务。

❏　对于异构模型训练和推理，我们将使用异构硬件加速器进行相同的训练/服务作业。

❏　我们有 Windows Server，因此可以直接使用 NVIDIA 性能调试工具。

❏　我们将专门使用 GPU 或任何其他硬件加速器，这意味着硬件仅供单个作业使用。

❏　在单台机器内的所有 GPU 之间拥有高通信带宽。

❏　不同机器之间的 GPU 通信带宽较低。

❏　GPU 之间的网络仅供单个训练或服务作业使用。

❏　如果在 GPU 之间移动训练/服务作业，则假设数据移动的开销只是一次。

❏　对于异构环境中的模型训练和服务，假设很容易实现不同加速器之间的负载均衡。

首先，我们将说明如何使用 NVIDIA 性能调试工具。

其次，我们将讨论如何进行作业迁移和作业复用。

最后，我们将讨论异构环境中的模型训练，这意味着我们将不同种类的硬件加速器用于单个 DNN 训练工作。

本章将详细介绍如何使用 NVIDIA 的 Nsight 系统进行性能调试和分析，并阐释如何进行作业的多路复用和迁移，以进一步提高系统效率。最后，还将学习如何在异构环境中进行模型训练。

本章包含以下主题。

❏　调试和性能分析。

❏　作业迁移和多路复用。

❏　异构环境中的模型训练。

在深入细节之前，让我们看看本章的技术要求。

12.1　技术要求

本章将使用 PyTorch 及其相关平台作为实现平台。本章代码的主要库依赖如下所示。

❑　NVIDIA Nsight Graphics >= 2021.5.1。

❑　NVIDIA 驱动程序 >= 450.119.03。

❑　pip > 19.0。

❑　numpy >= 1.19.0。

❑　python >= 3.7。

❑　ubuntu >= 16.04。

❑　cuda >= 11.0。

❑　torchvision >= 0.10.0。

必须预先安装正确版本的上述库。

12.2　调试和性能分析

本节将讨论 NVIDIA Nsight 性能调试工具。你将学习如何使用此工具进行 GPU 的性能调试。

在使用该工具之前，应该首先下载并安装它。其下载网址如下：

https://developer.nvidia.com/nsight-systems

下载并成功安装该工具后，即可学习如何使用它。以下是使用 Nsight Systems 收集 NVIDIA 分析信息的命令行：

```
# 性能分析
nsys [global-option]
# 或者
nsys [command-switch][application]
```

收集分析信息后，系统将记录 GPU 上的所有活动，以便稍后进行性能分析。

如果你的系统只有一个 GPU，则将获得如图 12.1 所示的性能信息。

在图 12.1 中可以看到两个设备的日志：一个来自 CPU；另一个来自 GPU。

更具体地说，图 12.1 中最上面的 Thread 3818749824 是在 CPU 端运行的所有指令。在它下面的 Tesla V100-SXM2-16GB 则是在 GPU 端运行的 CUDA 指令。

如果你的系统有多个 GPU，则所有设备的日志都将显示在同一图表上。图 12.2 显示了两个 GPU 加一个 CPU 的分析结果。

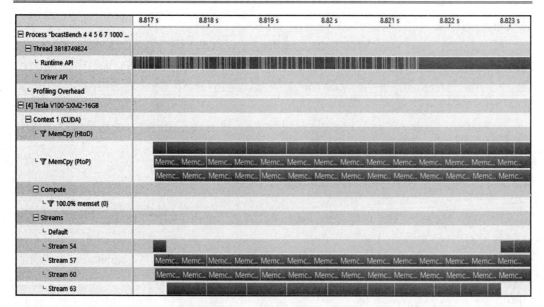

图 12.1　使用 NVIDIA Nsight 性能分析器的单 GPU 分析详细信息

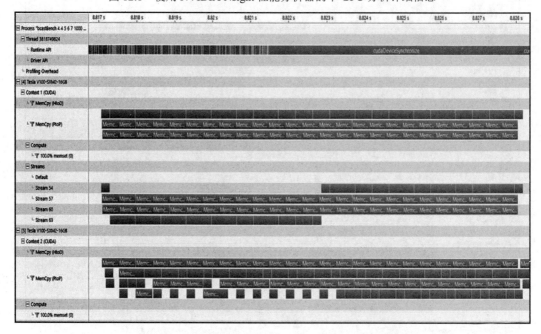

图 12.2　来自 NVIDIA 调试工具的多 GPU 分析结果

在图 12.2 中可以看到，除了顶部的 CPU 指令（即 Thread 3818749824），还有两个

GPU 的日志结果。

第一个 GPU 是[4] Tesla V100-SXM2-16GB，第二个 GPU 是[5] Tesla V100-SXM2-16GB。

在这里，我们进行了一些 GPU 数据传输，这在图 12.2 中的 Memc 框中可以看到。图 12.2 中的 Memc 代表的是 mem_copy，其实就是指将一个 GPU 的数据复制到另一个 GPU 的设备内存中。

现在我们已经基本了解了这些性能分析结果。接下来，我们将讨论这些分析结果中的一般概念。

12.2.1　性能分析结果中的一般概念

由于我们专注于 GPU 性能分析，因此将忽略此处的 CPU 指令细节。以下各小节将主要讨论 GPU 日志结果。

NVIDIA 性能分析器（profiler）将记录两个主要事物：计算（computation）和通信（communication）。图 12.3 显示了一个简单的示例。

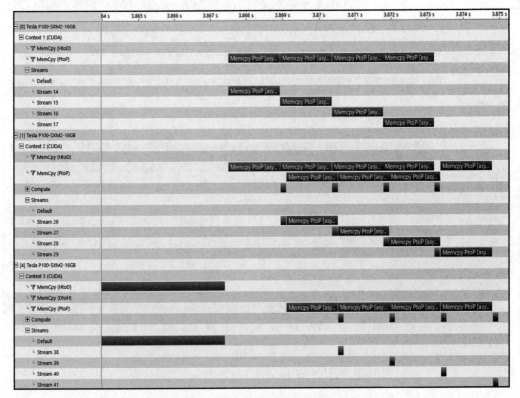

图 12.3　包括计算和通信的简单性能分析示例

如图 12.3 所示，我们使用了 GPU 0、GPU 1、GPU 2，分别表示如下。

❑　[0] Tesla P100-SXM2-16GB。

❑　[1] Tesla P100-SXM2-16GB。

❑　[4] Tesla P100-SXM2-16GB。

之所以这样表示，是因为在 V100 GPU 上（见图 12.2），黄色条太短而无法识别（这意味着 V100 GPU 操作比 P100 GPU 花费的时间更少）。

在计算方面，所有计算事件都将显示在图 12.3 中的 Compute（计算）类别下。此外，每个 GPU 都有一个 Compute 行，用于监控其本地计算内核。

如图 12.3 所示，GPU 0（即[0] Tesla P100-SXM2-16GB）没有 Compute 行，这意味着在此作业运行时 GPU 0 上不会发生任何计算。

对于 GPU 1（即[1] Tesla P100-SXM2-16GB），可以看到存在 Compute 行，它将启动以下 4 个计算内核。

❑　第一个的时间戳为 3.869 s。

❑　第二个的时间戳在 3.87 s 和 3.871 s 之间。

❑　第三个的时间戳为 3.872 s。

❑　第四个的时间戳为 3.873 s。

在通信方面，可以查看每个 GPU 的 Context（上下文）类别下的行。

例如，在图 12.3 所示的 GPU 0（即[0] Tesla P100-SXM2-16GB）上，可以看到在 3.867 s 到 3.874 s 之间进行了一些 MemCpy(PtoP)通信操作，这显示在 GPU 0 的 Context 1(CUDA) 分类下，以一些方框表示。

类似地，MemCpy 操作也发生在其他 GPU 上，如 GPU 1（即[1] Tesla P100-SXM2- 16GB）和 GPU 4（即[4] Tesla P100-SXM2- 16 GB）。

接下来，我们将详细讨论每个类别。首先将讨论 GPU 之间的通信分析，其次将讨论每个 GPU 上的计算。

12.2.2　通信结果分析

本小节将详细讨论通信模式。图 12.4 显示了一个涵盖所有通信模式的简单示例。

从图 12.4 中可以看到，GPU 之间的数据通信主要分为以下 3 种。

❑　MemCpy (HtoD)：指将内存从主机（host，H）复制到设备（device，D）。这里的主机是指 CPU，设备是指当前的 GPU。

❑　MemCpy (DtoH)：指将内存从 D 复制到 H。也就是将数据从 GPU 传输到 CPU。

❑　MemCpy (PtoP)：指从节点到节点（peer to peer，PtoP）进行内存复制。在这里，

节点是指 GPU。因此，PtoP 意味着从 GPU 到 GPU 的直接通信，而不涉及 CPU。

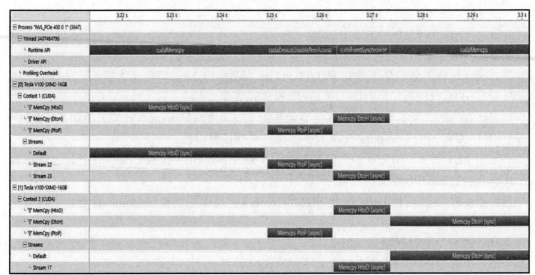

图 12.4　涵盖 GPU 之间所有通信模式的简单示例

以图 12.4 为例，GPU 0（即[0] Tesla V100-SXM2-16GB）具有以下通信操作。

（1）进行 MemCpy(HtoD)(sync)操作，即从 CPU 端接收数据。

（2）进行 MemCpy (PtoP) (async) 操作，这意味着将数据发送到另一个 GPU（在本例中为 GPU 1）。

（3）进行 MemCpy (DtoH) (sync) 操作，即向 CPU 端发送数据。

同样的数据通信模式也发生在 GPU 1 上。

接下来，我们将讨论计算结果分析。

12.2.3　计算结果分析

本小节将讨论性能分析的第二个主要部分，即计算内核启动（computation kernel launching）。

让我们先来看一个比图 12.3 更简单的计算示例。图 12.5 显示了一个更简单的 CUDA/计算内核启动版本。

如图 12.5 所示，在这个简化版本中，分别在 GPU 1（[1] Tesla P100-SXM2-16GB）和 GPU 4（[4] Tesla P100-SXM2-16GB）上启动了两个计算内核，显示在 Compute 行中。

此外，通过查看 Streams（流）类别，可以看到每个 GPU 上的两个计算内核在不同的流上启动。

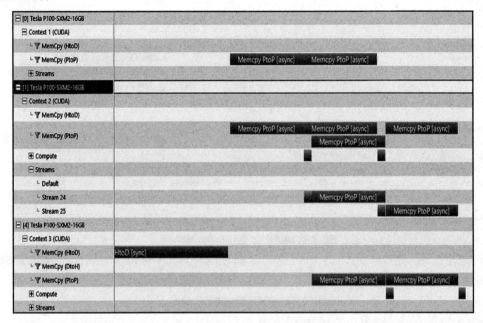

图 12.5　涉及 GPU 1 和 GPU 4 上的两个计算内核的 GPU 作业

　　例如，在 GPU 1 上，第一个计算内核在 Stream 24 上启动，而第二个计算内核则是在 Stream 25 上启动。

　　在这里，GPU 上的每个流都可以看作 CPU 端的一个线程。并发启动多个流的原因是尽可能地使用并行计算资源。

　　现在单击 GPU 1 中 Compute（计算）前面的+符号，可得到如图 12.6 所示的信息。

　　如图 12.6 所示，在 GPU 1（[1] Tesla P100-SXM2-16GB）上展开 Compute 类别之后，会在 Compute 行的正下方显示 CUDA/计算内核名称。

　　在这里，我们调用函数的 CUDA 内核名为 pairAddKernel。它试图在 GPU 上将两个大型数组添加在一起。

　　如果你想了解有关内核的更多详细信息，可以单击 Compute 行内的每个内核框。它将向你显示详细的内核信息，如图 12.7 所示。

　　如图 12.7 所示，单击 Compute 行中的任意一个计算内核时，表格底部会显示计算内核的详细信息。在这里，它显示了计算内核的以下属性。

❑　计算利用率（4.5%）。

❑　内核会话（启动时间）（12.99123 s）。

❑　　内核持续时间（588.02615 ms）。

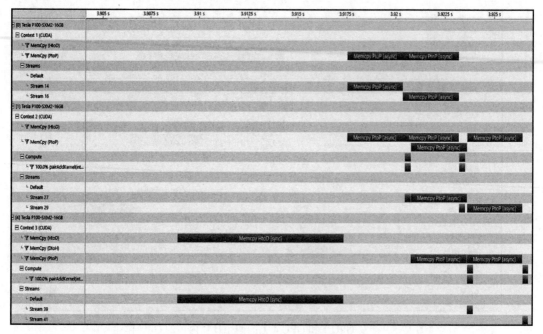

图 12.6　展开 Compute 行以查看内核信息

图 12.7　CUDA 内核详细信息显示在表格底部

　　到目前为止，我们已经讨论了如何使用 NVIDIA 性能分析器在通信和计算方面调试和分析 GPU 性能。

有关详细信息，可以参考 NVIDIA 的 Nsight 官方用户手册网页，其网址如下：

https://docs.nvidia.com/nsight-systems/2020.3/profiling/index.html

接下来，我们将讨论作业迁移和多路复用的主题。

12.3　作业迁移和多路复用

本节将讨论 DNN 训练作业迁移和多路复用。首先来看看作业迁移的动机和操作。

12.3.1　作业迁移

为什么需要进行作业迁移？让我们通过一个简单的例子来理解该操作，如图 12.8 所示。

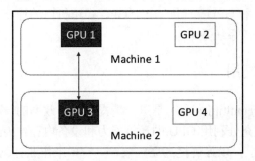

图 12.8　一个训练作业被分配给 Machine 1 上的 GPU 1 和 Machine 2 上的 GPU 3

原　　文	译　　文
Machine	机器

如图 12.8 所示，在云环境中，存在单个 DNN 训练作业可以拆分到多台机器上的情况。基于我们在本章开头的一个假设：跨机通信带宽很低，如果在 GPU 1 和 GPU 3 之间进行频繁的模型同步，则网络通信延迟非常高，这将导致系统利用率非常低。

由于系统效率低，因此可以考虑将相同作业从不同机器上的 GPU 转移到相同机器上的 GPU 中，从而使得处理作业的机器最少。将 GPU 合并到最少数量的机器中就是我们所说的作业迁移（job migration）。

在图 12.8 所示的示例中，我们希望作业被分配给同一台机器上的两个 GPU，而不是同时分配给 Machine 1 上的一个 GPU 和 Machine 2 上的另一个 GPU。因此，可以通过将所有数据和训练作业从 GPU 3 移动到 GPU 2 来进行作业迁移，如图 12.9 所示。

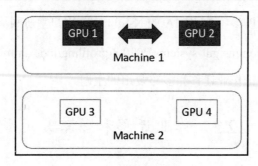

图 12.9　作业迁移到 Machine 1

原　　文	译　　文
Machine	机器

如图 12.9 所示，作业迁移后，即可将训练作业移动到位于同一台机器（Machine 1）上的两个 GPU（GPU 1 和 GPU 2）上。由于 GPU 在单机内的通信带宽远高于跨机，因此该作业迁移可以显著提高系统效率。

12.3.2　作业多路复用

作业多路复用（job multiplexing）是进一步提高系统效率的一般性概念。在某些情况下，单个作业可能无法充分利用 GPU 的计算能力和设备内存。因此，我们可以将多个作业打包到同一个 GPU 上，以显著提高系统效率。将多个作业打包到同一个 GPU 上就是我们所说的作业多路复用。

这里列举一个简单的例子。假如我们有两个相同的训练作业，每个作业都可以利用 50%的 GPU 计算能力和 50%的 GPU 设备内存。在这种情况下，可以将这两个作业打包到同一个 GPU 上并同时训练这两个作业，而不是一次训练一个作业。

接下来，我们将讨论如何在异构环境中进行模型训练。

12.4　异构环境中的模型训练

在异构环境中进行模型训练并不是一个非常普遍的情况。进行异构 DNN 模型训练的原因是我们可能有一些陈旧的硬件加速器。例如，一家公司可能在 10 年前就使用过 NVIDIA K80 GPU。现在，该公司购买了新的 GPU，如 NVIDIA V100。但是，较旧的 K80 GPU 仍然可用，该公司希望使用所有旧硬件。

进行异构 DNN 模型训练的一个关键挑战是不同硬件之间的负载均衡。

假设每个 K80 的计算能力是 V100 的一半。为了实现良好的负载均衡，如果我们在进行数据并行训练，则应该在 K80 上分配 N 作为 mini-batch 大小，在 V100 上分配 $2*N$ 作为 mini-batch 大小；如果我们在进行模型并行训练，则应该在 K80 上分配 1/3 层，而在 V100 上分配 2/3 层。

请注意，上述异构 DNN 训练示例较为简化。但实际上，要在不同的硬件加速器之间实现良好的负载均衡要困难得多。

通过在不同类型的 GPU 之间进行良好的负载均衡，即可在异构环境中进行单个 DNN 模型训练工作。

12.5　小　　结

本章详细讨论了如何使用 NVIDIA 性能分析工具进行性能调试；还介绍了作业迁移和作业多路复用方案，以进一步提高硬件利用率；最后还探讨了同时使用不同硬件进行异构模型训练的主题。

通读完本章之后，你应该了解了如何使用 NVIDIA Nsight 进行 GPU 性能调试，还应该知道如何在 DNN 模型训练或服务期间进行作业多路复用和作业迁移。最后，还应该掌握了如何同时使用不同硬件进行单作业训练的基本知识。

至此，我们已经完成了本书的所有章节。你应该了解了分布式机器学习中的关键概念，如数据并行训练和服务、模型并行训练和服务、混合数据并行和模型并行，以及一些用于进一步加速的高级技术。